危险化学品企业重点岗位人员工伤预防能力提升培训系列教材

危险化学品企业安全生产分管负责人工伤预防知识

中国化学品安全协会◎组织编写

中国劳动社会保障出版社

图书在版编目(CIP)数据

危险化学品企业安全生产分管负责人工伤预防知识/中国化学品安全协会组织编写. -- 北京：中国劳动社会保障出版社，2023

危险化学品企业重点岗位人员工伤预防能力提升培训系列教材

ISBN 978-7-5167-5827-4

Ⅰ.①危… Ⅱ.①中… Ⅲ.①化工产品-危险品-工伤事故-事故预防-技术培训-教材 Ⅳ.①X928.503

中国国家版本馆 CIP 数据核字(2023)第 055348 号

中国劳动社会保障出版社出版发行

(北京市惠新东街 1 号 邮政编码：100029)

*

北京市白帆印务有限公司印刷装订 新华书店经销

787 毫米×1092 毫米 16 开本 16 印张 236 千字

2023 年 5 月第 1 版 2023 年 5 月第 1 次印刷

定价：52.00 元

营销中心电话：400-606-6496

出版社网址：http://www.class.com.cn

编委会

主　　任： 郝　军

副 主 任： 张玉平

委　　员：（按姓氏笔画排序）

王　震　冯建柱　孙志岩　李成国

杨洪涛　吴晓钰　张　博　林京耀

周　欢　胡海川　侯红霞　嵇　超

本书主编： 周　欢　张玉平

编写人员： 侯红霞　王　震　冯建柱　嵇　超

孙志岩　吴晓钰　杨洪涛　李成国

前言

我国历来高度重视工伤预防工作。2020 年 12 月，人力资源和社会保障部、工业和信息化部、财政部、住房城乡建设部、交通运输部、国家卫生健康委员会、应急管理部、中华全国总工会联合印发《工伤预防五年行动计划（2021—2025 年）》，提出瞄住盯紧工伤事故和职业病高发的危险化学品等重点行业企业、深入推进工伤预防培训等任务。

为了落实《工伤预防五年行动计划（2021—2025 年）》，提升危险化学品领域从业人员工伤预防意识和能力，2021 年 12 月，人力资源和社会保障部与应急管理部联合印发《关于实施危险化学品企业工伤预防能力提升培训工程的通知》（人社部函〔2021〕168 号）（以下简称“通知”）。通知要求，深入学习贯彻习近平总书记关于安全生产重要论述，紧紧围绕从源头上消除事故隐患，实施危险化学品企业工伤预防能力提升培训工程。利用三年时间（2022—2024 年），将需应急管理部门许可的危险化学品生产企业、储存设施构成重大危险源的经营企业、使用危险化学品从事生产的化工企业，以及涉及重点监管危险化工工艺、构成重大危险源的精细化工企业和化学合成类药品生产企业安全生产分管负责人、专职安全管理人员和班组长（含车间主任，下同）（以下简称“三类人员”）作为重点培训对象，2024 年年底前实现上述人员培训全覆盖。

为了加强和保证培训质量，不断提升三类人员工伤预防能力、履责能力、风险管控和应急处置能力，中国化学品安全协会组织专家，按照应急管理部下发的《危险化学品企业工伤预防能力提升通用培训大纲》，结合我国危险化学品企业安全管理现状，梳理了安全生产及工伤预防的应知应会知识，继“危险化学品重大危险源包保责任人工伤预防能力提升培训系列教材”后，又编写了“危险化学品企业重点岗位人员工伤预防能力提升培训系列教材”。本套教材包括以下 4 个分册：《危险化学品企业安全生产分管负责人工伤预防知识》《危险化学品企业专职安全管理人员工伤预防知识》《危险化学品企业班组长工伤预防知识》和《危险化学品企业重点岗位人员工伤预防能力提升培训习题集》。

本套丛书在编写过程中，参阅了相关资料与著作，在此对有关著作者和专家表示感谢。本套丛书力求内容全面、知识实用，但由于编者水平所限，书中恐有疏漏，敬请广大读者批评指正并提出宝贵意见。

编委会

2023 年 4 月

内容简介

本书围绕有关法律、法规、规章、标准及文件对危险化学品企业安全生产分管负责人安全管理能力的要求编写，着重提升安全生产分管负责人对企业安全生产工作承上启下的整体管控能力。

本书以讲解安全生产分管负责人应该了解的安全生产知识和管理技能为出发点，以问答的形式介绍了安全生产相关法律法规及政策，以及安全生产分管负责人履责所必需的安全生产管理、安全管理体系与安全文化、职业病危害因素及防护、事故应急管理和工伤保险等内容。所选题目针对性强，内容解析专业翔实，文字语言通俗易懂，可作为政府、危险化学品企业开展安全生产分管负责人工伤预防培训和安全生产培训的参考书籍。

目录

第一章
安全生产相关法律法规及政策

第一节　习近平总书记关于安全生产的重要论述

1. 如何理解习近平总书记有关安全生产重要论述的时代意义?

党的十八大以来，以习近平同志为核心的党中央对安全生产工作空前重视，习近平总书记多次主持召开中央政治局常委会会议和专题会议听取安全生产工作汇报，作出重要指示批示。安全生产是关系人民群众生命财产安全的大事，是经济社会协调健康发展的标志，是党和政府对人民利益高度负责的要求。习近平总书记在党的十九大报告中指出，要树立安全发展理念，弘扬生命至上、安全第一的思想，健全公共安全体系，完善安全生产责任制，坚决遏制重特大安全事故。习近平总书记在党的二十大报告中指出，提高公共安全治理水平，坚持安全第一、预防为主，完善公共安全体系，提高防灾减灾救灾和重大突发公共事件处置保障能力，加强个人信息保护。

2013 年 6 月 6 日，习近平总书记对全国多个地区接连发生多起重特大安全生产事故作出重要指示。习近平总书记指出，人命关天，发展决不能以牺牲人的生命为代价。这必须作为一条不可逾越的红线。要始终把人民生命安全放在首位，以对党和人民高度负责的精神，完善制度、强化责任、加强管理、严格监管，把安全生产责任制落到实处，切实防范重特大安全生产事故的发生。

2013年11月24日，习近平总书记赴青岛黄岛经济开发区考察输油管线泄漏引发爆燃事故抢险工作，并作出重要指示。习近平总书记指出，各级党委和政府、各级领导干部要牢固树立安全发展理念，始终把人民群众生命安全放在第一位。要加大安全生产指标考核权重，实行安全生产和重大安全生产事故风险“一票否决”。责任重于泰山。要抓紧建立健全安全生产责任体系，党政一把手必须亲力亲为、亲自动手抓。要把安全责任落实到岗位、落实到人头，坚持管行业必须管安全、管业务必须管安全，加强督促检查、严格考核奖惩，全面推进安全生产工作。所有企业都必须认真履行安全生产主体责任，做到安全投入到位、安全培训到位、基础管理到位、应急救援到位，确保安全生产。要继续开展安全生产大检查，做到“全覆盖、零容忍、严执法、重实效”。要采用不发通知、不打招呼、不听汇报、不用陪同和接待，直奔基层、直插现场，暗查暗访的方式。要加大隐患整改治理力度，建立安全生产检查工作责任制，实行谁检查、谁签字、谁负责，做到不打折扣、不留死角、不走过场，务必见到成效。要做到“一厂出事故、万厂受教育，一地有隐患、全国受警示”。

2020年年初，习近平总书记专门对安全生产作出重要指示，强调生命重于泰山，要求层层压实责任，狠抓整改落实，强化风险防控，从根本上消除事故隐患，有效遏制重特大事故发生。生命重于泰山，人民的生命安全高于一切。2020年4月，在疫情防控常态化、推动经济恢复发展的关键时期，习近平总书记作出重要指示强调，全国正在复工复产，要牢牢守住安全底线，切实维护人民群众生命财产安全。绝不能只重发展不顾安全，更不能将其视作无关痛痒的事，搞形式主义、官僚主义。

习近平总书记关于安全生产的重要论述，从历史与现实相贯通、治标与治本相关联、当前与长远相统筹的宽广视角，系统回答了如何认识安全生产、如何做好安全生产工作等重大理论和现实问题，既部署了“过河”的任务，也解决了“桥”和“船”的问题，是做好新时代安全生产工作的根本遵循和行动指南。

2. 如何理解习近平总书记有关安全发展理念的重要论述？

2013 年 5 月至 6 月，我国连续发生多起重特大安全生产事故，特别是 6 月 3 日发生的吉林长春宝源丰禽业有限公司特别重大火灾事故，造成 121 人遇难。对此，习近平总书记作出重要指示，首次提出“安全红线”，强调“人命关天，发展决不能以牺牲人的生命为代价。这必须作为一条不可逾越的红线”，并进一步强调，这个观念一定要非常明确、非常强烈、非常坚定。

思想意识是魂，措施行动是形，魂固而形聚。近年来，“安全发展”“生命至上”“安全第一”的理念牢固树立，让一些高危企业“浴火重生”。然而一些地方发展理念仍存在偏差，把安全生产当成影响发展的绊脚石，与安全发展的理念要求背道而驰。2018 年 7 月 12 日，四川宜宾恒达科技有限公司发生重大爆炸着火事故，导致 19 人死亡。该企业未批先建、边生产边建设、设计和生产“两张皮”，根本不具备安全生产条件和能力，安全管理极其混乱，其目无法纪、肆无忌惮的根本原因是以人民为中心的安全理念没有彻底地贯彻落实，过分地注重经济项目和经济效益，忽视了人民生命财产安全。

理念一旦错了，不但发展问题解决不了，还会制造出更大问题。2019 年江苏响水“3 · 21”爆炸的警钟早在 8 年前就已敲响。2011 年 2 月，响水生态化工园区的企业发生氯气泄漏、即将爆炸的传言迅速引起社会恐慌，附近村民万人“大逃亡”。但响水县“吃了一堑，没长一智”，在不具备安全生产条件与能力的情况下，盲目发展化工产业，大量引进其他地区淘汰的高风险、高污染企业。究其根源，是理念的偏差。如果发展不能保障人民的生命财产安全，这样的发展不仅没有意义，也不可能持续。高质量发展是体现新发展理念的发展，是统筹发展和安全基础上的更为安全的发展。

安全和发展是一体之两翼、驱动之双轮。安全是发展的前提，发展是安全的保障。习近平总书记强调“不能要带血的 GDP（国内生产总值）”，要统筹发展和安全两件大事。

思考题

1. 安全生产分管负责人如何处理安全与发展的关系？

2. 安全生产分管负责人如何在企业安全生产工作中践行习近平总书记关于安全生产的重要论述？

第二节　法律对企业安全生产的要求

一、《中华人民共和国安全生产法》对企业安全生产的要求

1.《中华人民共和国安全生产法》对生产经营单位安全生产基本义务的规定有哪些？

生产经营单位是安全生产的责任主体。《中华人民共和国安全生产法》第四条规定，生产经营单位必须遵守《中华人民共和国安全生产法》和其他有关安全生产的法律、法规，加强安全生产管理，建立健全全员安全生产责任制和安全生产规章制度，加大对安全生产资金、物资、技术、人员的投入保障力度，改善安全生产条件，加强安全生产标准化、信息化建设，构建安全风险分级管控和隐患排查治理双重预防机制，健全风险防范化解机制，提高安全生产水平，确保安全生产。这是关于生产经营单位安全生产基本义务的原则性规定。

2.《中华人民共和国安全生产法》对生产经营单位安全生产的管理要求主要有哪些？

（1）安全生产工作应当以人为本，坚持人民至上、生命至上，把保护人民生命安全摆在首位，树牢安全发展理念，坚持“安全第一、预防为主、综合治理”

的方针，从源头上防范化解重大安全风险。

（2）生产经营单位应当具备《中华人民共和国安全生产法》和有关法律、行政法规和国家标准或者行业标准规定的安全生产条件；不具备安全生产条件的，不得从事生产经营活动。

（3）生产经营单位新建、改建、扩建工程项目的安全设施，必须与主体工程同时设计、同时施工、同时投入生产和使用。安全设施投资应当纳入建设项目概算。

（4）安全设备的设计、制造、安装、使用、检测、维修、改造和报废，应当符合国家标准或者行业标准。

生产经营单位必须对安全设备进行经常性维护、保养，并定期检测，保证正常运转。维护、保养、检测应当做好记录，并由有关人员签字。

（5）生产经营单位不得关闭、破坏直接关系生产安全的监控、报警、防护、救生设备、设施，或者篡改、隐瞒、销毁其相关数据、信息。

（6）生产经营单位不得将生产经营项目、场所、设备发包或者出租给不具备安全生产条件或者相应资质的单位或者个人。

生产经营项目、场所发包或者出租给其他单位的，生产经营单位应当与承包单位、承租单位签订专门的安全生产管理协议，或者在承包合同、租赁合同中约定各自的安全生产管理职责；生产经营单位对承包单位、承租单位的安全生产工作统一协调、管理，定期进行安全检查，发现安全问题的，应当及时督促整改。

3.《中华人民共和国安全生产法》对生产经营单位应急管理的要求有哪些？

（1）对应急救援预案的管理要求

《中华人民共和国安全生产法》第八十一条规定，生产经营单位应当制定本单位生产安全事故应急救援预案，与所在地县级以上地方人民政府组织制定的生产安全事故应急救援预案相衔接，并定期组织演练。

生产经营单位是安全生产责任主体，一旦发生生产安全事故，生产经营单位应该首先开展应急救援工作。为了提高应急救援工作的针对性、有效性，防止事故扩大，减少事故人员伤亡和财产损失，生产经营单位制定应急救援预案具有重要意义。

（2）对应急救援组织及装备、器材的规定

《中华人民共和国安全生产法》第八十二条规定，危险物品的生产、经营、储存单位以及矿山、金属冶炼、城市轨道交通运营、建筑施工单位应当建立应急救援组织；生产经营规模较小的，可以不建立应急救援组织，但应当指定兼职的应急救援人员。

危险化学品的生产、经营、储存单位由于其所从事的生产、经营等活动的特殊性，一旦发生事故，将会对人民群众的生命财产安全造成严重损害。一般情况下，危险化学品的生产、经营、储存单位应当建立应急救援组织。一旦发生生产安全事故，应急救援组织能够迅速、有效地投入抢救工作，防止事故进一步扩大，最大限度地减少人员伤亡和财产损失。如果危险化学品的生产、经营、储存单位生产经营规模较小，如小加油站、化工用品零售商店，可以不建立应急救援组织，但应当指定兼职的应急救援人员。兼职应急救援人员平时参加生产经营活动，也应当参加应急救援培训和演练，在发生生产安全事故时能够立即参加应急救援。

危险化学品的生产、经营、储存、运输单位应当配备必要的应急救援器材、设备和物资，并进行经常性维护、保养，保证正常运转。

二、《中华人民共和国刑法》中涉及安全生产罪刑的规定

1.《中华人民共和国刑法》对重大责任事故罪是如何规定的？其构成要件包括哪些？

（1）重大责任事故罪。根据《中华人民共和国刑法》第一百三十四条的规定，在生产、作业中违反有关安全管理的规定，发生重大伤亡事故或者造成其他严重后果的，处 3 年以下有期徒刑或者拘役；情节特别恶劣的，处 3 年以上 7 年以下有期徒刑。

（2）重大责任事故罪的构成要件包括以下 4 个方面：

1）侵犯的客体是生产、作业的安全。生产、作业的安全是各行各业都十分

重视的问题。在生产过程中出现的任何问题都有可能破坏正常的生产秩序，甚至引发重大伤亡事故，造成财产损失。同时，生产安全也是公共安全的重要组成部分，危害生产安全同样会使不特定多数人的生命、健康或者公私财产遭受重大损失。

2）客观方面表现为在生产、作业中违反有关安全管理的规定，因而发生重大伤亡事故或者造成其他严重后果的行为。违反有关安全管理的规定而发生重大伤亡事故或者造成其他严重后果，是重大责任事故罪的本质特征。其在实践中多表现为不服管理、违反规章制度。

3）犯罪主体为一般主体，包括对生产、作业负有组织、指挥或者管理职责的负责人、管理人员、实际控制人、投资人等人员，以及直接从事生产、作业的人员。

4）主观方面表现为过失。行为人在生产、作业中违反有关安全管理规定，可能是出于无意，但对于其行为引起的严重后果而言，其行为则是过失，因为行为人不希望其行为造成严重的后果。之所以发生了事故，是由于行为人在生产过程中严重不负责任、疏忽大意或者对事故隐患不积极采取治理措施，轻信能够避免事故发生。

2.《中华人民共和国刑法》对强令、组织他人违章冒险作业罪是如何规定的？其构成要件包括哪些？

（1）强令、组织他人违章冒险作业罪。根据《中华人民共和国刑法》第一百三十四条的规定，强令他人违章冒险作业，或者明知存在重大事故隐患而不排除，仍冒险组织作业，发生重大伤亡事故或者造成其他严重后果的，处5年以下有期徒刑或者拘役；情节特别恶劣的，处5年以上有期徒刑。

（2）强令、组织他人违章冒险作业罪的构成要件包括以下4个方面：

1）侵犯的客体是作业的安全。强令、组织他人违章冒险作业，是对正常作业安全秩序的严重扰乱和破坏，发生了危害公共安全的后果，即危害了不特定多数人的生命、健康和公私财产的安全。

2）客观方面表现为强令、组织他人违章冒险作业，因而发生重大伤亡事故或者造成其他严重后果的行为。

3）犯罪主体为一般主体，包括对生产、作业负有组织、指挥或者管理职责的负责人、管理人员、实际控制人、投资人等人员。

4）主观方面表现为过失。强令、组织他人违章冒险作业罪是结果犯罪，行为人虽然实施了强令、组织他人违章冒险作业的行为，但如果没有发生重大伤亡事故或者造成其他严重后果，只属于一般责任事故，不构成犯罪。

3.《中华人民共和国刑法》对重大劳动安全事故罪是如何规定的？其构成要件包括哪些？

（1）重大劳动安全事故罪。根据《中华人民共和国刑法》第一百三十五条的规定，安全生产设施或者安全生产条件不符合国家规定，因而发生重大伤亡事故或者造成其他严重后果的，对直接负责的主管人员和其他直接责任人员，处3年以下有期徒刑或者拘役；情节特别恶劣的，处3年以上7年以下有期徒刑。

（2）重大劳动安全事故罪的构成要件包括以下4个方面：

1）侵犯的客体是生产安全。保护从业人员在生产过程中的安全与健康，是生产经营单位的法律义务和责任。

2）客观方面表现为安全生产设施或者安全生产条件不符合国家规定，因而发生重大伤亡事故或者造成其他严重后果的行为。

3）犯罪主体为一般主体，是指对安全生产设施或者安全生产条件不符合国家规定负有直接责任的生产经营单位负责人、管理人员、实际控制人、投资人，以及其他对安全生产设施或者安全生产条件负有管理、维护职责的人员。

4）主观方面由过失构成。即行为人应当预见到安全生产设施或者安全生产条件不符合国家规定所产生的后果，但由于疏忽大意没有预见或者虽然已经预见，但轻信可以避免，结果导致发生了重大伤亡事故。

4.《中华人民共和国刑法》对危险作业罪是如何规定的？其构成要件包括哪些？

（1）危险作业罪。根据《中华人民共和国刑法》第一百三十四条之一的规定，在生产、作业中违反有关安全管理的规定，有下列情形之一，具有发生重大伤亡事故或者其他严重后果的现实危险的，处 1 年以下有期徒刑、拘役或者管制：

1）关闭、破坏直接关系生产安全的监控、报警、防护、救生设备、设施，或者篡改、隐瞒、销毁其相关数据、信息的。

2）因存在重大事故隐患被依法责令停产停业、停止施工、停止使用有关设备、设施、场所或者立即采取排除危险的整改措施，而拒不执行的。

3）涉及安全生产的事项未经依法批准或者许可，擅自从事危险物品生产、经营、储存等高度危险的生产作业活动的。

“未经依法批准或者许可”主要包括以下 4 种情形：

①自始未取得批准或者许可。

②批准或者许可被暂扣、吊销、注销等。

③虽然有批准或者许可，但批准或者许可是非法的，如以欺骗、贿赂等非法手段获取的批准或者许可。

④超过批准或者许可的期限、范围。实践中普遍存在“边申请、边审批、边开工”等“程序性违法”的情况，即使事后依法取得了批准或者许可，也可以认为依法取得批准或者许可前的阶段属于“未经依法批准或者许可”。

（2）危险作业罪的构成要件包括以下 4 个方面：

1）侵犯的客体是生产、作业中有关安全生产的管理制度和公共安全。危险作业罪规定为危险犯，不要求实际发生生产、作业事故，只要具有发生重大伤亡事故或者其他严重后果的现实危险，即可成立。危险作业罪不以结果为导向，注重安全生产过程的管控，关口前移，把发生事故的各种因素消灭在萌芽状态。

2）危险作业罪的客观方面表现为在生产、作业中违反有关安全管理的规定，关闭、破坏直接关系生产安全的监控、报警、防护、救生设备、设施，或者篡改、隐瞒、销毁其相关数据、信息；因存在重大事故隐患被依法责令停产停业、停止施工、停止使用有关设备、设施、场所或者立即采取排除危险的整改措施，而拒不执行；涉及安全生产的事项未经依法批准或者许可，擅自从事危险物品生产、经营、储存等高度危险的生产作业活动。

3）危险作业罪的犯罪主体为一般主体，凡年满 16 周岁、具有刑事责任能力的自然人均可以构成危险作业罪。

4）危险作业罪的主观方面是故意。危险作业罪属于故意犯罪。

5. 重大责任事故罪、重大劳动安全事故罪以及强令、组织他人违章冒险作业罪中的“重大伤亡事故”“其他严重后果”“情节特别恶劣”的含义是什么？

（1）“重大伤亡事故”“其他严重后果”的含义。具有下列情形之一的，应当认定为“发生重大伤亡事故或者造成其他严重后果”：

1）造成死亡1人以上，或者重伤3人以上的。

2）造成直接经济损失100万元以上的。

3）造成其他严重后果或者重大安全事故的情形。

（2）“情节特别恶劣”的含义。具有下列情形之一的，应当认定为“情节特别恶劣”：

1）造成死亡3人以上或者重伤10人以上，负事故主要责任的。

2）造成直接经济损失500万元以上，负事故主要责任的。

3）其他造成特别严重后果、情节特别恶劣或者后果特别严重的情形。

6. 什么是不报、谎报安全事故罪？不报、谎报安全事故罪中“情节严重”和“情节特别严重”的含义是什么？

不报、谎报安全事故罪是指在安全事故发生后，负有报告职责的人员不报或者谎报事故情况，贻误事故抢救，情节严重的，处3年以下有期徒刑或者拘役；情节特别严重的，处3年以上7年以下有期徒刑。

（1）具有下列情形之一的，应当认定为不报、谎报安全事故罪中的“情节严重”：

1）导致事故后果扩大，增加死亡1人以上，或者增加重伤3人以上，或者增加直接经济损失100万元以上的。

2）实施下列行为之一，致使不能及时有效开展事故抢救的：

①决定不报、迟报、谎报事故情况或者指使、串通有关人员不报、迟报、谎报事故情况的。

②在事故抢救期间擅离职守或者逃匿的。

③伪造、破坏事故现场，或者转移、藏匿、毁灭遇难人员尸体，或者转移、藏匿受伤人员的。

④毁灭、伪造、隐匿与事故有关的图纸、记录、计算机数据等资料以及其他证据的。

（2）具有下列情形之一的，应当认定为不报、谎报安全事故罪中的“情节特别严重”：

1）导致事故后果扩大，增加死亡3人以上，或者增加重伤10人以上，或者增加直接经济损失500万元以上的。

2）采用暴力、胁迫、命令等方式阻止他人报告事故情况，导致事故后果扩大的。

3）其他情节特别严重的情形。

思考题

1. 如何理解行刑衔接对实现安全生产的重要意义？
2. 安全生产分管负责人如何组织做好企业安全生产合规性建设工作？

第三节　法规标准、安全生产相关文件对企业安全生产的要求

一、《危险化学品安全管理条例》对企业安全生产的要求

1.《危险化学品安全管理条例》对企业安全生产的总体要求有哪些？

依据《危险化学品安全管理条例》的规定，危险化学品安全管理，应当坚持

“安全第一、预防为主、综合治理”的方针，强化和落实企业的主体责任。

生产、储存、使用、经营、运输危险化学品的企业的主要负责人对本企业的危险化学品安全管理工作全面负责。

企业应当具备法律、行政法规规定和国家标准、行业标准要求的安全条件，建立、健全安全管理规章制度和岗位安全责任制度，对从业人员进行安全教育、法制教育和岗位技术培训。从业人员应当接受教育和培训，考核合格后上岗作业。对有资格要求的岗位，应当配备依法取得相应资格的人员。

任何单位和个人不得生产、经营、使用国家禁止生产、经营、使用的危险化学品。国家对危险化学品的使用有限制性规定的，任何单位和个人不得违反限制性规定使用危险化学品。

2.《危险化学品安全管理条例》对危险化学品生产、储存企业的安全管理规定有哪些?

（1）新建、改建、扩建生产建设项目的安全条件审查有关规定

依据《危险化学品安全管理条例》第十二条的规定，新建、改建、扩建生产、储存危险化学品的建设项目（以下简称建设项目），应当由应急管理部门进行安全条件审查。

建设单位应当对建设项目进行安全条件论证，委托具备国家规定的资质条件的机构对建设项目进行安全评价，并将安全条件论证和安全评价的情况报告建设项目所在地设区的市级以上人民政府应急管理部门。

（2）危险化学品生产企业安全生产许可证有关规定

依据《危险化学品安全管理条例》第十四条的规定，危险化学品生产企业进行生产前，应当依照《安全生产许可证条例》的规定，取得危险化学品安全生产许可证。生产列入国家实行生产许可证制度的工业产品目录的危险化学品的企业，应当依照《中华人民共和国工业产品生产许可证管理条例》的规定，取得工业产品生产许可证。

（3）安全技术说明书有关规定

依据《危险化学品安全管理条例》第十五条的规定，危险化学品生产企业应

当提供与其生产的危险化学品相符的化学品安全技术说明书，并在危险化学品包装（包括外包装件）上粘贴或者拴挂与包装内危险化学品相符的化学品安全标签。化学品安全技术说明书和化学品安全标签所载明的内容应当符合国家标准的要求。危险化学品生产企业发现其生产的危险化学品有新的危险特性的，应当立即公告，并及时修订其化学品安全技术说明书和化学品安全标签。

3.《危险化学品安全管理条例》对危险化学品生产装置和储存设施的选址要求有哪些？

依据《危险化学品安全管理条例》第十九条的规定，危险化学品生产装置或者储存数量构成重大危险源的危险化学品储存设施（运输工具、加油站、加气站除外），与下列场所、设施、区域的距离应当符合国家有关规定：

（1）居住区以及商业中心、公园等人员密集场所。

（2）学校、医院、影剧院、体育场（馆）等公共设施。

（3）饮用水源、水厂以及水源保护区。

（4）车站、码头（依法经许可从事危险化学品装卸作业的除外）、机场以及通信干线、通信枢纽、铁路线路、道路交通干线、水路交通干线、地铁风亭以及地铁站出入口。

（5）基本农田保护区、基本草原、畜禽遗传资源保护区、畜禽规模化养殖场（养殖小区）、渔业水域以及种子、种畜禽、水产苗种生产基地。

（6）河流、湖泊、风景名胜区、自然保护区。

（7）军事禁区、军事管理区。

（8）法律、行政法规规定的其他场所、设施、区域。

已建的危险化学品生产装置或者储存数量构成重大危险源的危险化学品储存设施不符合上述规定的，由所在地设区的市级人民政府应急管理部门会同有关部门监督其所属单位在规定期限内进行整改；需要转产、停产、搬迁、关闭的，由本级人民政府决定并组织实施。

储存数量构成重大危险源的危险化学品储存设施的选址，应当避开地震活动断层和容易发生洪灾、地质灾害的区域。

4.《危险化学品安全管理条例》对危险化学品单位安全设施、设备的设置要求有哪些?

依据《危险化学品安全管理条例》第二十条、第二十一条的规定，生产、储存危险化学品的单位，应当根据其生产、储存的危险化学品的种类和危险特性，在作业场所设置相应的监测、监控、通风、防晒、调温、防火、灭火、防爆、泄压、防毒、中和、防潮、防雷、防静电、防腐、防泄漏以及防护围堤或者隔离操作等安全设施、设备，并按照国家标准、行业标准或者国家有关规定对安全设施、设备进行经常性维护、保养，保证安全设施、设备的正常使用。

生产、储存危险化学品的单位，应当在其作业场所和安全设施、设备上设置明显的安全警示标志，在其作业场所设置通信、报警装置，并保证处于适用状态。

5.《危险化学品安全管理条例》对危险化学品仓库安全管理的要求有哪些?

依据《危险化学品安全管理条例》第二十四条、第二十五条、第二十六条的规定，生产、储存危险化学品的仓库应当遵守下列规定：

（1）危险化学品应当储存在专用仓库、专用场地或者专用储存室（统称专用仓库）内，并由专人负责管理；剧毒化学品以及储存数量构成重大危险源的其他危险化学品，应当在专用仓库内单独存放，并实行双人收发、双人保管制度。

（2）危险化学品的储存方式、方法以及储存数量应当符合国家标准或者国家有关规定。

（3）储存危险化学品的单位应当建立危险化学品出入核查、登记制度。

（4）对剧毒化学品以及储存数量构成重大危险源的其他危险化学品，储存单位应当将其储存数量、储存地点以及管理人员的情况，报所在地县级人民政府应急管理部门和公安机关备案。

（5）危险化学品专用仓库应当符合国家标准、行业标准的要求，并设置明显的标志。储存剧毒化学品、易制爆危险化学品的专用仓库，应当按照国家有关规定设置相应的技术防范设施。

（6）储存危险化学品的单位应当对其危险化学品专用仓库的安全设施、设备定期进行检查、保养。生产、储存危险化学品的单位转产、停产、停业或者解散的，应当采取有效措施，及时、妥善处置库存的危险化学品，不得丢弃危险化学品。

二、《生产安全事故应急条例》对企业应急工作的要求

1.《生产安全事故应急条例》对企业应急救援能力建设的要求有哪些？

（1）应急救援队伍建设要求。依据《生产安全事故应急条例》第十条的规定，易燃易爆物品、危险化学品等危险物品的生产、经营、储存、运输企业，应当建立应急救援队伍；其中，小型企业或者微型企业等规模较小的生产经营单位，可以不建立应急救援队伍，但应当指定兼职的应急救援人员，并且可以与邻近的应急救援队伍签订应急救援协议。

（2）应急救援人员素质和培训要求。依据《生产安全事故应急条例》第十一条的规定，应急救援人员应当具备必要的专业知识、技能、身体素质和心理素质。应急救援队伍建立单位或者兼职应急救援人员所在单位应当按照国家有关规定对应急救援人员进行培训；应急救援人员经培训合格后，方可参加应急救援工作。应急救援队伍应当配备必要的应急救援装备和物资，并定期组织训练。

（3）应急救援装备和物资储备要求。依据《生产安全事故应急条例》第十三条的规定，易燃易爆物品、危险化学品等危险物品的生产、经营、储存、运输企业，应当根据本企业可能发生的生产安全事故的特点和危害，配备必要的灭火、排水、通风以及危险物品稀释、掩埋、收集等应急救援器材、设备和物资，并进行经常性维护、保养，保证正常运转。

2.《生产安全事故应急条例》对企业应急值班制度的要求有哪些？

为了保证应急工作的开展，及时联络相关人员和应急救援队伍，《生产安全事故应急条例》第十四条规定，危险物品的生产、经营、储存、运输企业及应急救援队伍应当建立应急值班制度。规模较大、危险性较高的易燃易爆物品、危险

化学品等危险物品的生产、经营、储存、运输企业应当成立应急处置技术组，实行 24 小时应急值班。

3.《生产安全事故应急条例》对企业从业人员应急培训的要求有哪些？

《生产安全事故应急条例》第十五条规定，企业应当对从业人员进行应急教育和培训，保证从业人员具备必要的应急知识，掌握风险防范技能和事故应急措施。企业必须按照规定加强对从业人员的应急教育和培训，切实提高从业人员的应急能力；违反规定的，将予以处罚。

4.《生产安全事故应急条例》对企业事故初期处置的要求有哪些？

《生产安全事故应急条例》第十七条规定，发生生产安全事故后，企业应当立即启动生产安全事故应急救援预案，采取下列一项或者多项应急救援措施，并按照国家有关规定报告事故情况：

（1）迅速控制危险源，组织抢救遇险人员。

（2）根据事故危害程度，组织现场人员撤离或者采取可能的应急措施后撤离。

（3）及时通知可能受到事故影响的单位和人员。

（4）采取必要措施，防止事故危害扩大和次生、衍生灾害发生。

（5）根据需要请求邻近的应急救援队伍参加救援，并向参加救援的应急救援队伍提供相关技术资料、信息和处置方法。

（6）维护事故现场秩序，保护事故现场和相关证据。

（7）法律、法规规定的其他应急救援措施。

三、《化工过程安全管理导则》（AQ/T 3034—2022）对企业安全生产的要求

1.《化工过程安全管理导则》（AQ/T 3034—2022）管理要素总共包括多少项？分别是什么？

管理要素总共包括 20 项，分别如下：①安全领导力；②安全生产责任制；

③安全生产合规性管理；④安全生产信息管理；⑤安全教育、培训和能力建设；⑥风险管理；⑦装置安全规划与设计；⑧装置首次开车安全；⑨安全操作；⑩设备完好性管理；⑪安全仪表管理；⑫重大危险源安全管理；⑬作业许可；⑭承包商安全管理；⑮变更管理；⑯应急准备与响应；⑰事故事件管理；⑱本质更安全；⑲安全文化建设；⑳体系审核与持续改进。

2. 根据《化工过程安全管理导则》（AQ/T 3034—2022），企业在哪些情形下需要及时修订安全生产责任制？

（1）依据的法律、法规、规章、标准中的有关规定发生重大变化的。

（2）组织机构及其职责进行了调整的。

（3）企业生产经营内容发生重大变化的。

（4）企业发生安全事故事件后，在安全责任方面暴露出问题的。

（5）企业认为需要修订的其他情况。

3. 根据《化工过程安全管理导则》（AQ/T 3034—2022），企业在风险管理过程中的危害辨识应涵盖哪些方面？

（1）工艺技术的本质安全性。

（2）厂区选址和平面布局不合理导致的危害。

（3）企业潜在的风险对相关人员安全的影响。

（4）工艺系统可能存在的危害。

（5）操作过程可能存在的危害。

（6）设备设施失效可能存在的危害。

（7）作业过程可能存在的危害。

（8）变更所引入的危害。

（9）建（构）筑物潜在的危害。

（10）自然灾害对企业带来的危害。

（11）企业潜在的风险对厂外相关方的影响。

（12）外部环境对企业安全的影响。

4. 根据《化工过程安全管理导则》（AQ/T 3034—2022），企业在不同生产运营阶段应开展哪些培训？各岗位人员的培训重点是什么？

（1）企业应根据生产运营的不同阶段和风险特点，开展针对性培训。

1）新建装置试车前，企业应对参与装置试车的全体管理人员和操作人员等相关人员进行岗位技能培训，经考核合格后方可参加装置试车工作。

2）当安全生产信息变更或风险变化时，企业应及时更新培训内容，对相关人员（包括承包商人员）进行培训。

3）企业应对采用新工艺、新技术、新材料或者使用新设备设施的岗位操作人员进行相应的安全技能培训。

4）同行业或本企业发生事故事件后，企业应及时组织教育培训，分享经验，吸取教训。

（2）企业应按照下列岗位需求制定全员持续安全教育和培训计划，并组织实施。

1）各级领导层以提升守法合规意识、风险意识、安全领导和管理能力、安全生产基础知识为重点。

2）专业技术人员以增强专业知识和管理能力，尤其是风险评估与管控、隐患排查治理、应急处置和事故事件调查分析能力为重点。

3）操作人员以提升安全操作、隐患排查、初期应急处置和自救互救能力为重点。

5. 根据《化工过程安全管理导则》（AQ/T 3034—2022），装置首次开车前安全审查准备工作和审查内容包括哪些？

（1）新建项目正式投料前，应进行开车前安全审查。开车前安全审查前期准备工作主要包括以下内容：

1）明确审查的范围。

2）编制开车前安全审查表，并经相应负责人批准。

3）组建开车前安全审查小组，明确职责。小组应由项目经理，工艺、设备、电气、仪表、操作、安全、消防等专业人员，设计、技术专利商、施工方、工程监理方等其他必要的人员，以及同类装置有开车经验的专家组成。

4）确定审查日程安排。

（2）审查小组应根据安全审查清单，完成开车前的安全审查，包括以下内容：

1）项目“三查四定”（查设计漏项、查工程质量及安全隐患、查未完工程量，对检查出来的问题定任务、定人员、定时间、定措施）发现问题的整改落实情况。

2）安装的设备、管道、仪表及其他辅助设备设施符合设计安装要求情况，特种设备和强检设备已按要求办理登记使用并在检验有效期内，安全设施经过检验、标定并达到使用条件。

3）安全信息资料是否准确、齐全，风险管控措施落实情况。

4）系统吹扫冲洗、气密试验、单机试车、联动试车完成情况。

5）相关试车资料、试生产方案、操作规程、管理制度等准备情况。

6）现场确认工艺、设备、电气、仪表、公用工程和应急准备等是否具备投料条件。

7）发生的变更是否符合变更管理要求。

8）员工培训考核情况。

9）应急预案编制和演练完成情况。

10）安全、环保、职业卫生措施落实情况等。

（3）现场审查完成后，审查小组应编制开车前安全审查报告，明确整改项、整改时间和整改责任人，并在开车前完成整改。

四、安全生产相关文件对企业安全生产的要求

1.《关于全面加强危险化学品安全生产工作的意见》对企业安全生产的要求有哪些?

（1）强化安全风险管控。全面开展安全风险排查和隐患治理，结合实际细化排查标准，分类建立完善安全风险数据库和信息管理系统，区分“红、橙、黄、

蓝”四级安全风险。

（2）强化企业主体责任落实。企业管理和技术团队必须具备相应的履职能力，做到责任到人、工作到位，对安全隐患排查治理不力、风险防控措施不落实的，依法依规追究相关责任人责任。对存在以隐蔽、欺骗或阻碍等方式逃避、对抗安全生产监管和环境保护监管，违章指挥、违章作业产生重大安全隐患，违规更改工艺流程，破坏监测监控设施，夹带、谎报、瞒报、匿报危险物品等严重危害人民群众生命财产安全的主观故意行为的单位及主要责任人，依法依规将其纳入信用记录，加强失信惩戒，从严监管。

（3）加强专业人才培养。危险化学品生产企业主要负责人、安全生产分管负责人必须具有化工类专业大专及以上学历和一定实践经验；专职安全管理人员至少要具备中级及以上化工专业技术职称或化工安全类注册安全工程师资格。新招一线岗位从业人员必须具有化工职业教育背景或普通高中及以上学历并接受危险化学品安全培训，经考核合格后方能上岗。企业通过内部培养或外部聘用形式建立化工专业技术团队，依托重点化工企业、化工园区或第三方专业机构建立实习实训基地。

（4）提高应急处置能力。加强应急救援装备配备，健全应急救援预案，开展实训演练，提高企业应急处置能力。

2. 开展高危细分领域安全风险专项治理的背景是什么？

《“十四五”危险化学品安全生产规划方案》提出构建危险化学品安全治理体系，从18种危险化工工艺目录中选择重点工艺（简称高危工艺），从74种重点监管的危险化学品名录和20种特别管控危险化学品目录中选择重点化学品（简称高危化学品）等实施专项整治行动，有效防范重点部位、关键环节安全风险。

为固化深化拓展危险化学品安全专项整治三年行动和安全风险集中治理成效，贯彻落实应急管理部印发的《“十四五”危险化学品安全生产规划方案》，有效防控高危细分领域重大安全风险，坚决防范遏制危险化学品重特大事故，应急管理部印发了《2023年度高危细分领域安全风险专项治理工作方案》，提出持续以提升高危细分领域企业本质安全水平为核心，坚持重点治理、因企施策，深化组合治理措施，健全高危细分领域“2+X”（2为每年必查的硝酸铵和硝化，X为每年视情选定的其他细分领域）安全风险管控长效机制。

同时，开展高危细分领域安全风险管控也是贯彻落实《关于全面加强危险化学品安全生产工作的意见》的具体化，是对危险化学品企业实施精准化安全风险排查评估，对危险化学品重点地区、重点企业分级分类开展精准指导帮扶的有效举措，充分体现了《关于全面加强危险化学品安全生产工作的意见》精准治理的要求。

3. 2023年度高危细分领域安全风险专项治理工作的整体思路和工作要点是什么？

坚持重点治理、因企施策，深化组合治理措施，健全高危细分领域“2+X”安全风险管控长效机制。

（1）组织对硝酸铵生产企业、硝基复合肥生产企业和使用硝酸铵化工企业开展整治落实情况复核，推动上述企业在安全间距、生产和储存安全管控、监测监控设施等方面全面落实《关于进一步加强硝酸铵安全管理的通知》要求。印发硝酸铵安全技术规范标准。

（2）以推动涉及硝化工艺的生产装置实现全流程自动化控制为重点，组织各省份对所有硝化企业开展全覆盖的专家指导服务，部级开展整治落实情况复核。组织制定硝化工艺全流程自动化控制改造工作指南，推广浙江、山东、江苏等地区做法，推动硝化工艺率先完成全流程自动化控制改造；推动新、改、扩建硝化项目优先使用微通道、管式反应器技术，分类推进硝化反应安全风险等级在3级及以上的现有企业开展微通道、管式反应器技术改造。完善硝化安全风险隐患排查指南。

（3）制定液氯、氯乙烯生产企业和过氧化企业安全风险隐患排查指南并组织开展专家指导服务。完善相关标准，推广山东、浙江等地区液氯和氟化氢储存设施封闭化改造经验做法。

（4）组织对丁二烯专家指导服务中发现的隐患整改情况“回头看”，并对部分未开展部级指导服务的企业进行指导服务，督促落实“一企一策”整改要求。

调研分析氯酸钠、氯酸钾安全风险并提出管控措施。

（5）印发多晶硅安全生产规范、光气及光气化产品生产安全规程，完善硝酸铵、光气、氟化、有机硅多晶硅、苯乙烯、丁二烯、重氮化等安全风险隐患排查指南，编发解读视频，督促有关企业对标每年至少开展一次由企业主要负责人组织、全员参与的常态化安全风险隐患排查治理，并将企业自查自改情况纳入地方应急管理部门执法检查范围。指导有关行业协会组织召开安全技术交流会，观摩学习先进企业安全管理做法，形成定期交流工作机制。

（6）组织摸排在危险化学品登记系统注册登记的化学原料药生产企业情况，实施清单化管理，加强化学原料药生产企业安全风险管控。

4. 如何构建高危细分领域安全风险防控长效机制？

应急管理部就推动建立高危细分领域安全风险防控长效机制提出以下要求：

（1）地方各级应急管理部门指导辖区内涉及高危细分领域的化工和危险化学品生产、使用企业，对照有关安全风险隐患排查指南，每年至少开展一次全面排查，在全面排查的基础上，建立“两个清单”（隐患问题清单和整改措施清单），并按照整改时限要求完成整改闭环。要将上述要求纳入本企业安全风险隐患排查治理制度，运用信息化手段如实记录。有关中央企业要强化总部监管责任落实，推动下属企业全面落实主体责任，认真做好安全生产工作。

（2）各级应急管理部门将高危细分领域企业作为日常监管、执法检查的重点对象，将企业对照安全风险隐患排查指南开展自查自改、隐患问题整改闭环情况等纳入执法检查范围。对硝酸铵、硝化企业，至少每年实施一次全覆盖检查；对其他高危细分领域企业，至少每 3 年实施一次全覆盖检查。

5.《危险化学品生产建设项目安全风险防控指南（试行）》出台的背景和意义是什么？其基本内容包括哪些？

（1）出台的背景和意义。项目审批是确保项目合法合规的重要程序，是安全风险源头管控的关键环节。随着我国经济快速发展，近年来新建危险化学品生产建设项目因行政审批把关不严，直接或间接导致事故发生的案例屡见不鲜。同时，随着我国进入产业升级、高质量发展的关键期，部分化工产业由东部沿海地区向中西部地区转移，一些承接地在安全基础薄弱、安全风险管控能力不足的情况下，盲目承接高风险转移项目，违规审批、降低门槛、准入把关不严等现象严重，由此产生的问题开始集中暴露，事故多发，已成为危险化学品领域的突出风险。

为深入贯彻落实习近平总书记关于防范风险挑战的重要指示精神和党中央、国务院决策部署，认真落实《全国危险化学品安全风险集中治理方案》（安委〔2021〕12 号）和《危险化学品产业转移项目和化工园区安全风险防控专项整治工作方案》（安委办〔2021〕7 号），坚持人民至上、生命至上，推动各地统筹好发展和安全两件大事，强化源头准入和本质安全设计，明确危险化学品生产建设项目决策咨询服务、安全审查、安全设施建设、试生产、安全设施竣工验收等环节的安全风险和管控措施，提高危险化学品生产建设项目安全风险防控水平，防止无序违规发展，实现危险化学品生产建设项目“优生”，实现在安全发展中承接转移、在产业转移中实现升级，应急管理部在广泛征求意见、研讨论证的基础上，会同国家发展改革委、工业和信息化部、市场监管总局联合制定了《危险化学品生产建设项目安全风险防控指南（试行）》（应急〔2022〕52 号）。该文件以标准的形式，规范了危险化学品生产建设项目决策咨询服务、安全审查、安全设施建设、试生产、竣工验收等全过程安全风险防控。

（2）基本内容。《危险化学品生产建设项目安全风险防控指南（试行）》包括 10 个章节。第一章至第四章分别是总则、编制依据、术语和名词解释、基本要求，分别明确了目的和适用范围，列明了引用依据，解释了有关名词术语，给出了项目分级分类审查要求、审批环节和主要原则。第五章至第十章分别从项目安全准入、安全条件审查、安全设施设计审查、安全设施建设、试生产、安全设施竣工验收 6 个风险防控方面，明确了各自的主要风险、审查流程、审查要点和风险防控要点。

6. 根据《危险化学品生产建设项目安全风险防控指南（试行）》，“两重点一重大”① 建设项目防控措施主要有哪些？

（1）设计单位应对安全评价报告提出的重大危险源辨识和分级结果进行复

① “两重点一重大”指重点监管的危险化工工艺、重点监管的危险化学品和危险化学品重大危险源。

核，并按照危险化学品重大危险源监督管理相关规定，落实监测监控系统、应急救援器材和设备配备的有关设计要求。

（2）依据《国家安全监管总局关于公布首批重点监管的危险化工工艺目录的通知》（安监总管三〔2009〕116 号）和《国家安全监管总局关于公布第二批重点监管危险化工工艺目录和调整首批重点监管危险化工工艺中部分典型工艺的通知》《安监总管三〔2013〕3 号》，设计应进行建设项目的重点监管危险化工工艺辨识结果复核，给出辨识结果清单，落实工艺安全控制、重点监控参数及控制方案的有关设计要求。

（3）依据《首批重点监管的危险化学品名录》和《第二批重点监管的危险化学品名录》进行重点监管危险化学品辨识结果复核，设计应给出辨识结果清单，落实应急处置、防范措施、应急救援器材和个体防护装备配备的有关设计要求。

7. 根据《危险化学品生产建设项目安全风险防控指南（试行）》，安全设施建设风险防控要点有哪些?

建设单位作为项目的总牵头单位和工程质量第一责任人，依法对工程质量全面负责。建设单位应严格按照《建设项目安全设施“三同时”监督管理暂行办法》有关要求，组织设计、施工、监理等单位，严格按照安全设施设计和国家工程建设有关法律法规要求，进行安全设施建设施工，确保工程质量符合国家法律法规、工程建设强制性标准要求。建设过程中特别要落实以下风险防控措施：

（1）严格设备及材料供应商的选择，加强设备采购及交验管理。

（2）严格把控施工、监理、设备出租等相关单位和人员的资质。

（3）确保预防事故设施、控制事故设施、减少与消除事故影响设施等安全设施，符合国家法律法规和标准规范的技术与检测检验要求，符合安全设施设计专篇要求。

（4）生产装置和储存设施按要求实现自动化控制，仪表和电气设备安装后应进行调试，调试结果应满足相关设计文件中参数设定、系统控制逻辑及相关标准规范的要求。

（5）可燃和有毒有害气体泄漏场所的检测报警装置设置应符合国家标准规范要求，爆炸危险场所的防爆电气设备安装使用应符合国家标准规范要求。

（6）工艺管道、压力管道、脆性材料以及输送极度危害、高度危害流体和可燃流体的管道，应按相关标准规范和设计文件要求，进行强度试验、气密性试验、耐压试验、泄漏试验，并按标准规范和设计文件的规定进行吹扫或者清洗。

8. 根据《危险化学品生产建设项目安全风险防控指南（试行）》，危险化学品生产建设项目试生产时间有什么要求？

（1）项目试生产时间不少于 30 日，最长不得超过 1 年（国家有关部门有规定或者特殊要求的行业除外）。

（2）涉及重点监管危险化工工艺的建设项目试生产时间不少于 3 个月。

（3）试生产结束后，建设单位编制试生产总结报告，说明试生产各项控制指标的达标情况，安全设施运行情况，试生产起始时间，设计、施工、监理单位明确试生产是否通过的明确结论，作为项目竣工验收的重要依据。

（4）鼓励各地出台相关政策，明确企业工业化试验、试生产期间购买、销售危险化学品的条件、程序等相关要求。

（5）延期两次后仍不能稳定生产的，建设单位应当立即停止试生产，解决问题。

9. 根据《危险化学品建设项目安全监督管理办法》，危险化学品建设项目试生产（使用）方案应当包括哪些安全生产内容？试生产期限如何规定？

（1）建设项目设备及管道试压、吹扫、气密、单机试车、仪表调校、联动试车等生产准备的完成情况。

（2）投料试车方案。

（3）试生产（使用）过程中可能出现的安全问题、对策及应急预案。

（4）建设项目周边环境与建设项目安全试生产（使用）相互影响的确认情况。

（5）危险化学品重大危险源监控措施的落实情况。

（6）人力资源配置情况。

（7）试生产（使用）起止日期。

建设项目试生产期限应当不少于30日，不超过1年。

10. 根据《危险化学品建设项目安全监督管理办法》，建设单位进行项目竣工验收时应当向参加验收人员提供哪些文件、资料，并组织进行现场检查？

（1）建设项目安全设施施工、监理情况报告。

（2）建设项目安全验收评价报告。

（3）试生产（使用）期间是否发生事故、采取的防范措施以及整改情况报告。

（4）建设项目施工、监理单位资质证书（复制件）。

（5）主要负责人、安全生产管理人员、注册安全工程师资格证书（复制件），以及特种作业人员名单。

（6）从业人员安全教育、培训合格的证明材料。

（7）劳动防护用品配备情况说明。

（8）安全生产责任制文件，安全生产规章制度清单、岗位操作安全规程清单。

（9）设置安全生产管理机构和配备专职安全生产管理人员的文件（复制件）。

（10）为从业人员缴纳工伤保险费的证明材料（复制件）。

11.《危险化学品建设项目安全监督管理办法》中所称的新建项目、改建项目、扩建项目分别指哪些？

（1）新建项目是指有下列情形之一的项目：

1）新设立的企业建设危险化学品生产、储存装置（设施），或者现有企业建设与现有生产、储存活动不同的危险化学品生产、储存装置（设施）的。

2）新设立的企业建设伴有危险化学品产生的化学品生产装置（设施），或者现有企业建设与现有生产活动不同的伴有危险化学品产生的化学品生产装置

（设施）的。

（2）改建项目是指有下列情形之一的项目：

1）企业对在役危险化学品生产、储存装置（设施），在原址更新技术、工艺、主要装置（设施）、危险化学品种类的。

2）企业对在役伴有危险化学品产生的化学品生产装置（设施），在原址更新技术、工艺、主要装置（设施）的。

（3）扩建项目是指有下列情形之一的项目：

1）企业建设与现有技术、工艺、主要装置（设施）、危险化学品品种相同，但生产、储存装置（设施）相对独立的。

2）企业建设与现有技术、工艺、主要装置（设施）相同，但生产装置（设施）相对独立的伴有危险化学品产生的。

12.《“十四五”危险化学品安全生产规划方案》指出的危险化学品安全生产存在的主要问题有哪些？

（1）安全发展理念落实不到位。一些地方、化工园区重发展、轻安全，统筹发展和安全的意识不强，党政领导责任、部门监管责任、企业主体责任不落实，不具备条件盲目发展化工产业，化工园区“遍地开花”，产业转移安全风险管控不到位导致事故多发。

（2）本质安全水平不高。不少企业特别是中小企业设计水平低，安全投入不足，自动化控制系统不完善，从业人员素质技能不高，油气管道施工质量管控不严格，烟花爆竹部分工序仍以手工作业为主。

（3）安全管理能力不强。企业安全风险分级管控与隐患排查治理水平不高，政府监管重“事后调查处理”、轻“事前风险防控”，法规标准体系不健全、落实力度不够，全国危险化学品安全监管人员具有化工、安全等专业学历的人数占比不足1/3，对重大危险源、化工园区等监管缺乏系统化、精准化、智能化手段。

（4）全链条安全管理不平衡。危险化学品生产、经营、储存、运输、使用、废弃处置等环节衔接不顺畅，一些环节重特大事故比较集中，累积形成系统性安全风险。

13. 根据《"十四五"危险化学品安全生产规划方案》，应如何压实企业主体责任？

（1）推动企业建立健全企业内部从主要负责人（法定代表人、实际控制人）到一线岗位员工的全员安全生产责任制，形成自我约束、持续改进的安全生产内生机制。

（2）依托危险化学品安全风险监测预警系统，制定健全并严格落实主要负责人安全风险研判承诺公告、重大危险源包保责任、开车前安全风险自查评估制度。

（3）建立"两重点一重大"企业安全总监和安全管理技术团队配备制度，按要求配备注册安全工程师。

（4）强化责任追究和教训吸取，做好行刑衔接，突出对主要负责人的追责问责。

（5）推进危险化学品企业信用风险分类监管，严格安全生产严重违法失信名单管理。

（6）研究跨地区集团公司总部对子（分）公司加强安全审计的措施。健全完善油气领域企业总部安全生产负总责制度。

（7）强化中央企业主体责任落实，发挥示范带头作用，自觉接受属地监管。

14. 根据《"十四五"危险化学品安全生产规划方案》，应如何构建危险化学品企业从业人员培训体系？

按照统筹推进、分类指导的原则，以培养高素质高技能实用性人才为目标，以严格人员资格条件为抓手，倒逼企业落实主体责任，加快构建标准规范统一、培训载体丰富、线上线下融合、有效供给多样的教育培训供给体系，持续实施全覆盖高质量的安全教育培训，夯实安全发展的人才保障和素质根基。

（1）强化企业安全管理技术专业团队建设。制定安全管理技术专业团队强制配备和专业、学历标准条件，率先在涉及重大危险源的企业、重点监管的危险化工工艺的精细化工企业全面实施。开展化工安全技术技能人才学历提升行动，鼓励安全管理人员在职提高化工安全等专业学历层次。完善系统性、模块化、阶梯式的安全管理人员培训大纲、课程和考试题库，倒逼提升专业能力。

（2）提升重点岗位操作人员安全技能。调整扩充危险化学品特种作业人员范围，严格依法实施资格条件和培训考试、持证上岗制度。建立健全实际操作训练基地建设标准、设备配备标准和以实际工作情景为导向的训练指导手册，突出加强重点岗位人员实操训练。强化校企合作人才培养，探索中国特色学徒制，从根本上解决产业工人来源问题。与人力资源社会保障等部门合作，按规定利用职业技能提升行动和工伤预防政策，扎实推进化工行业安全技能提升行动和工伤预防能力提升培训工程。

（3）普及线上线下融合的安全培训空间。按照员工线上自学、线下培训的实体空间与支撑企业培训管理、政府培训监督的虚拟空间相结合原则，制定安全培训空间建设与应用指南。开展规模以上企业安全培训空间建设应用专项行动，实现企企有空间、人人用空间。研究制定企业安全培训空间运行激励约束政策措施。

思考题

1. 安全生产分管负责人如何组织落实《危险化学品安全管理条例》等法规、文件对企业安全生产工作的要求？

2. 请对照法规、文件要求列出企业在安全管理中的不足。

第二章 安全生产管理

第一节 安全生产分管负责人的安全责任

1. 安全生产分管负责人的安全责任有哪些?

《中华人民共和国安全生产法》第五条规定，生产经营单位的主要负责人是本单位安全生产第一责任人，对本单位的安全生产工作全面负责。其他负责人对职责范围内的安全生产工作负责。《中华人民共和国安全生产法》第二十五条规定，生产经营单位可以设置专职安全生产分管负责人，协助本单位主要负责人履行安全生产管理职责。安全生产分管负责人的安全责任主要如下：

（1）协助主要负责人建立健全并落实本单位全员安全生产责任制，加强安全生产标准化建设。生产经营单位安全生产分管负责人，作为主要负责人的助手，必须亲自带头自觉执行责任制的规定，经常或定期检查全员安全生产责任制的执行情况，奖优罚劣，提高本单位全体从业人员执行全员安全生产责任制的自觉性，使全员安全生产责任制的执行得以巩固。

（2）协助主要负责人组织制定并实施本单位安全生产规章制度和操作规程。安全生产规章制度是一个单位规章制度的重要组成部分，是保障生产经营活动安全、顺利进行的重要手段。生产经营单位安全生产分管负责人应当协助主要负责人做好本单位的安全生产规章制度和操作规程制修订工作，并保证其有效实施。

（3）协助主要负责人组织制订并实施本单位安全生产教育和培训计划。安全生产教育和培训计划是落实从业人员教育和培训任务，保证教育和培训质量，提高从业人员安全素质和安全操作技能的重要保障。分管负责人有责任和义务组织有关人事培训、财务劳资、安全管理、业务主管等部门认真制订好本单位的安全生产教育和培训计划，并保障计划的落实，重点应当抓好新员工和调换工种员工的安全生产教育和培训工作。

（4）协助主要负责人做好本单位安全生产投入的有效实施。安全生产投入是保障生产经营单位具备安全生产条件的必要物质基础。分管负责人作为主要负责人履行安全生产管理职责的助手和参谋，有责任也有义务提醒主要负责人应当保证本单位有效的安全生产投入，并保证这项投入真正用于本单位的安全生产工作，在经济效益与安全生产方面找到最佳结合点，保障生产经营安全。

（5）协助主要负责人组织建立并落实安全风险分级管控和隐患排查治理双重预防工作机制，督促、检查本单位的安全生产工作，及时消除生产安全事故隐患。安全生产分管负责人应当经常性地对本单位的安全生产工作进行督促、检查，对检查中发现的问题及时解决，对存在的生产安全事故隐患及时予以排除。

（6）协助主要负责人组织制定并实施本单位的生产安全事故应急救援预案。生产安全事故应急救援预案对于防止事故扩大和迅速抢救受害人员，尽可能地减少损失，具有重要的作用。它是一个涉及多方面工作的系统性工程，需要安全生产分管负责人协助主要负责人组织制定和实施，一旦发生事故也要亲临现场指挥、调度。

（7）及时、如实报告生产安全事故。生产经营单位安全生产分管负责人应当按照《中华人民共和国安全生产法》和其他有关法律、行政法规、规章的规定，及时、如实地报告生产安全事故，不得隐瞒不报、谎报或者迟报。

2. 安全生产分管负责人如何履行安全责任？

（1）认真贯彻执行安全生产方针、政策和法规，自觉执行各项安全生产规章制度，并检查、督促实施。对是否符合安全生产相关法律规定和本单位安全管理制度的生产经营决策提出意见建议。

（2）主持日常安全管理工作，综合协调管理本单位安全生产工作，主持制定安全管理人员的岗位职责及工作目标、安全生产规章制度及事故应急救援预案，督促各部门、各单位全面贯彻执行各项安全管理规章制度以及开展各项安全活动。建立由本单位主要负责人牵头，相关负责人、安全管理部门负责人以及人事、财务等相关职能部门人员组成的全员安全生产责任制监督考核领导机构，协调处理全员安全生产责任制执行中的问题。安全生产分管负责人在主要负责人的授权下，对全员安全生产责任制落实情况负领导责任，规范考核奖惩，对本单位人员职务晋升、表彰奖励候选人履行安全责任情况提出意见建议。组织推广和总结安全生产中的典型经验。接受上级有关部门的指导，做好与各级管理机构的沟通、协调工作。

（3）定期向安全生产领导小组和主要负责人报告工作，并提出须由安全生产领导小组研究、讨论和通过的安全工作议题。定期向从业人员通报安全生产工作情况，监督落实本单位年度安全生产工作计划及重点工作。

（4）组织召开安全生产工作会议，及时总结和部署安全生产工作。定期评估、考核安全生产状况，发现和研究解决安全生产工作存在的问题。组织本单位安全管理部门和安全管理人员开展安全生产工作，监督指导本单位生产安全事故应急救援预案演练与修订工作。

（5）根据安全生产教育和培训计划，组织安全管理人员和从业人员进行安全生产法律法规和安全知识教育培训，不断提高全员安全意识，提升安全管理水平。

（6）经常深入基层和现场，检查、指导安全生产工作，督促基层加强安全管理，定期开展安全风险分级管控措施充分性、有效性检查，对查出的事故隐患及时督促整改，确保风险分级管控和隐患排查治理双重预防机制的有效实施。阻止和纠正本单位违反安全管理制度和安全操作规程的决定和行为，并及时向生产经营单位主要负责人和负有安全生产监督管理职责的部门报告。发现直接危及从业人员人身安全的紧急情况时，有权作出停止作业或者在采取可能的应急措施后撤离作业场所的决定。对从业人员违反安全管理制度和安全操作规程的行为，经批评教育拒不整改的，提出处理意见并监督落实。

（7）发生生产安全事故，按规定时间和程序报告有关部门，对报告的及时性和准确性负责。及时赶赴现场，组织事故救援和善后处置。配合有关部门对事故的调查与处理，并按“四不放过”（事故原因未查清不放过，责任人员未处理不放过，整改措施未落实不放过，有关人员未受到教育不放过）的原则，组织本单位内部的事故调查与处理。

思考题

1. 如何理解安全生产分管负责人的安全责任？

2. 安全生产分管负责人在企业安全生产方面如何当好主要负责人的助手？

第二节　全员安全生产责任制建设

一、全员安全生产责任制的建立

1. 为什么要建立全员安全生产责任制？

全员安全生产责任制是根据我国“安全第一、预防为主、综合治理”的安全生产方针和安全生产法规建立的企业各级领导、职能部门、工程技术人员、岗位从业人员在劳动生产过程中对安全生产层层负责的制度，是落实企业主体责任的重要抓手，是企业岗位责任制的细化，是企业最基本的一项安全管理制度，同时也是企业安全生产、劳动保护管理制度的核心。

《中华人民共和国安全生产法》第四条规定，生产经营单位必须遵守《中华人民共和国安全生产法》和其他有关安全生产的法律、法规，加强安全生产管理，建立健全全员安全生产责任制和安全生产规章制度。做好企业安全生产不是某个人、某些人的事情，而是企业全体从业人员的共同责任。大量生产安全事故表明，人的不安全行为、物的不安全状态以及管理上的缺陷都与岗位责任制缺位、相关人员岗位责任制履行不到位有关。建立健全全员安全生产责任制，就是要求企业各个层级人员都有相应的安全责任并对照落实。只有一级对一级负责，切实履行好各岗位、各人员的安全责任，才能保障各自岗位的安全，真正实现企业的安全生产。

2. 如何建立健全全员安全生产责任制?

建立健全全员安全生产责任制并认真落实，是做好一切安全管理工作的基础。企业建立健全全员安全生产责任制应从以下几方面入手：

（1）主要负责人要亲自参与。生产经营单位主要负责人法定职责之首就是建立健全并落实本单位全员安全生产责任制。只有在主要负责人组织下，明确各岗位职责，做到分工明确、责任清晰，才能有助于责任制的落实。

（2）要结合企业实际。针对一些企业照抄照搬其他企业的责任制，安全生产责任制规定不科学、不完备，缺乏针对性和可操作性的现状问题，应充分考虑企业实际，科学确定各岗位安全责任。对大中型企业来讲，管理人员较为齐备，分工较为明确；对于小型企业而言，很多人集若干职能于一身，责任制则不能简单照抄大中型企业的责任制范本。

（3）要坚持做好“一岗一责”。安全生产的“一岗一责”是指每个岗位都要有明确的安全责任。“一岗一责”不是一人一责，而是一个岗位一个责任。安全生产责任制要做到“横向到边、纵向到底”，实现全员、全覆盖，做到无死角、无盲区。

（4）要正确认识“安全专业”与“专业安全”的关系。安全生产不是安全管理人员一人的事，而是全体从业人员共同的事。要坚持“管业务必须管安全”“管生产经营必须管安全”的基本原则，每个工作岗位责任中都要包含业务责任和安全责任，做到“一岗双责”。

（5）要有可操作性。建立健全覆盖全员的安全生产责任制不容易，而将各岗位安全生产责任制真正落实到位更不容易。因此，建立安全生产责任制时要考虑可操作性。一是制定责任制时要充分讨论、沟通，使每位从业人员都能准确理解自己承担的安全责任。二要借助于化工企业常用的岗位责任制检查制度，推动岗位责任制落地生根。对重要岗位人员安全生产责任制屡屡出现落实不到位的情况，要及时界定、完善。三是要不断完善安全生产责任制，清晰责任界定，不要出现责任“空档”，对安全责任存在交叉、缺项、模糊的问题及时予以纠正。四是管理架构发生变化时，要及时调整相应岗位安全责任。

二、全员安全生产责任制的落实

1. 如何落实全员安全生产责任制？

落实全员安全生产责任制，就要从企业主要负责人的责任制落实开始，做到自上而下，一级做给一级看；自下而上，一级向一级负责。企业应从以下几方面做好责任制的落实工作：

（1）各级领导特别是企业主要负责人要认真按照法律要求履行好自己的安全责任，并自觉接受从业人员和工会的监督、考核。

（2）各级领导要在企业主要负责人统一领导下，对照自己的安全责任，切实按照“管业务必须管安全”的原则履行好自己的职责，并定期向主管领导汇报。

（3）各级管理人员要立足于本岗位，按照“管业务必须管安全”的原则和规定的职责要求，做好分内工作。

（4）各级安全管理人员在履行自身安全生产责任制的基础上，组织做好企业各职位、各岗位安全生产责任制的考核工作，并将其纳入部门、个人的绩效考核范围，及时向主要负责人和安全生产分管负责人报告责任制履行不到位、考核结果排名靠后的部门及人员。

（5）建立覆盖全部岗位的安全责任清单，对照清单落实责任。

（6）要结合安全生产责任制落实过程中暴露出的问题，及时修正安全生产责任制。企业至少每 3 年应对安全生产责任制进行一次全面修订。

2. 什么是安全领导力？

安全领导力是指企业各级领导在管辖范围内充分利用人力、物力、财力等资源，带领整个团队实现安全生产目标的能力。

安全领导力在实际工作中表现为在安全生产工作中的执行力和穿透力，企业主要负责人及各级领导要有效解决企业安全管理瓶颈问题，补齐短板；要持续建立企业安全文化，用文化引领安全，用安全丰富文化；要不断提升安全意识，用自己的行动引导高标准；要通过安全管理体现企业综合管理水平。

3. 企业领导层如何发挥好安全领导力作用?

企业领导层安全领导力的核心是主要安全领导者带领所属领导团队引领安全生产，是落实企业安全生产主体责任中至关重要的一个因素。安全领导力不仅指狭义的领导能力，还包括更加广泛的概念，它不仅要求企业领导层有专业技术能力和管理能力以做好安全生产工作，还要求领导层在企业安全管理中起示范带头作用，如带头宣传贯彻安全理念，带头遵守安全管理制度，带头实施个人安全行动，带头讲授安全课程，带头开展安全风险识别和隐患排查，带头参与事件调查和带头开展安全经验分享活动等。企业领导层“安全第一”的思想必须真正“融到血液里”，落实到所有的行动上，才能引领企业从业人员树立正确的安全理念，养成良好的安全习惯。

对于重大危险源包保责任人，还要按照《危险化学品企业重大危险源安全包保责任制办法（试行)》，履行各自的包保责任。

4. 提升企业安全领导力的途径有哪些?

针对目前我国化工企业安全领导力存在的问题，可以通过以下途径提升企业安全领导力：

（1）树立先进的安全理念。

（2）始终坚持“安全第一”的原则。

（3）高度重视安全生产合规性问题。

（4）压实安全责任，特别是企业领导层、各部门各单位主要负责人的安全责任。

（5）建立科学完善的安全管理体系。

（6）为安全生产工作提供足够的资源保障。

（7）高度重视企业重大安全风险的管控。

（8）认真组织安全事件企业内部调查。

（9）采用科学严格的考核方法，推动工作落实和持续改进。

（10）积极培育优秀的企业安全文化。

（11）领导带头，率先垂范。

5.《化工过程安全管理导则》（AQ/T 3034—2022）在安全领导力层面对企业主要负责人有哪些要求？

（1）企业安全领导力主要指企业各级负责人对安全生产工作的领导能力，核心是企业主要负责人的领导能力。

（2）企业主要负责人应领导企业贯彻落实“以人为本、安全第一”的安全理念，建立包括以安全愿景目标、安全发展战略、安全使命精神等为内容的安全生产核心价值观，构建符合企业安全生产特点的良好安全文化。

（3）企业主要负责人应领导企业制定安全生产方针和目标。

（4）企业主要负责人应具备基本的安全素养，包括法律意识、风险意识、安全管理知识和技能。

（5）企业主要负责人应为化工过程安全管理的实施提供相应的人力资源，选择懂安全、工艺、设备、管理的复合型人才担任安全管理部门负责人，建立懂安全的专业技术管理团队。

（6）企业主要负责人应领导企业建立以《化工过程安全管理导则》（AQ/T 3034—2022）为核心的安全生产管理体系，按照“管业务必须管安全、管生产经营必须管安全”的要求，明确各级管理人员的安全管理职责，落实属地安全管理职责，落实专业安全管理职责，为体系的有效运行提供必需的财力保障。

（7）企业主要负责人应深入基层，宣传安全生产理念，了解基层安全生产状况，倾听员工建议，以个人良好的安全行为带动企业形成良好的安全文化氛围。企业主要负责人应自觉带头履行安全承诺，通过率先垂范，展示领导的示范力、行动力和影响力；通过制定和落实个人月度安全行动计划，带动全员参与安全管理，确保安全领导力贯穿于基层员工中。

（8）企业主要负责人应重视重大危险源安全风险管控，及时消除隐患，加大风险管控措施投入力度，完善监管机制，落实管理责任。

（9）企业主要负责人应重视生产安全事故事件管理，在分析出所有生产安全事故事件技术原因的基础上，重点查清管理上的缺陷和不足。

（10）企业主要负责人应定期组织开展化工过程安全管理要素考核、安全管理体系评审、安全生产绩效考核、外部安全审计等活动，实现安全管理量化评估考核。

（11）企业应按照主要负责人的领导力要求建立工作机制，明确企业其他负责人和各级负责人的工作要求，不断提高安全领导力。

（12）企业主要负责人及车间、班组各级负责人应及时奖励安全绩效突出的员工，并对其进行优先任命和提拔。

6.《化工过程安全管理导则》（AQ/T 3034—2022）中明确主要负责人及各级领导安全能力与责任落实的实施要求有哪些？

（1）主要负责人和主管生产、设备、技术、安全的负责人及安全生产管理人员必须具备化学、化工、安全等相关专业大专及以上学历或化工类中级及以上职称。

（2）企业主要负责人应严格履行其法定的安全生产职责，包括但不限于：

1）建立健全并落实本单位全员安全生产责任制，加强安全生产标准化建设。

2）组织制定并实施本单位安全生产规章制度和操作规程。

3）组织制订并实施本单位安全生产教育和培训计划。

4）保证本单位安全生产投入的有效实施。

5）组织建立并落实安全风险分级管控和隐患排查治理双重预防工作机制，督促、检查本单位的安全生产工作，及时消除生产安全事故隐患。

6）组织制定并实施本单位的生产安全事故应急救援预案。

7）及时、如实报告生产安全事故。

思考题

1. 安全生产分管负责人如何督促落实全员安全生产责任制？
2. 安全生产分管负责人如何协助主要负责人做好企业的安全管理工作？

第三节 安全生产管理机构及人员

一、安全生产管理机构设置及人员配备

1.《中华人民共和国安全生产法》中关于安全生产管理机构设置及安全生产管理人员配备的要求是什么？

（1）《中华人民共和国安全生产法》第二十四条规定，矿山、金属冶炼、建筑施工、运输单位和危险物品的生产、经营、储存、装卸单位，应当设置安全生产管理机构或者配备专职安全生产管理人员。

上述规定以外的其他生产经营单位，从业人员超过100人的，应当设置安全生产管理机构或者配备专职安全生产管理人员；从业人员在100人以下的，应当配备专职或者兼职的安全生产管理人员。

生产经营活动的安全进行，除了必要的物质保障和制度保障外，还要从人员上加以保障。危险性较大行业的生产经营单位或从业人员较多的生产经营单位，应当有专门的人员从事安全生产管理工作，对生产经营单位的安全生产工作进行经常性检查，及时督促处理检查中发现的问题，及时督促排除事故隐患，提出改进安全生产工作的建议。

矿山、金属冶炼、建筑施工、运输和危险物品生产、经营、储存、装卸是危险性比较大的生产经营活动，从事这些活动的单位是危险性比较大的单位。因

而，矿山、金属冶炼、建筑施工、运输单位和危险物品的生产、经营、储存、装卸单位必须成立专门从事安全生产管理工作的机构或者配备专职的人员从事安全生产管理工作。除矿山、金属冶炼、建筑施工、运输单位和危险物品的生产、经营、储存、装卸单位外，从业人员在100人以下的其他生产经营单位，从事的生产经营活动风险较小，生产经营的规模也较小。因此，法律规定不要求其必须设置安全生产管理机构，可以配备专职的安全生产管理人员，也可以配备兼职的安全生产管理人员，具体人员配备应与其安全生产工作相适应。需要注意的是，危险物品的生产、经营、储存、装卸单位和从业人员超过100人的其他生产经营单位，可以根据本单位的规模大小、安全风险等实际情况，自主作出决定。一般来讲，规模较小的生产经营单位，如个别危险物品的经营单位，人数较少，可只配备专职安全生产管理人员；规模较大的生产经营单位则应当设置安全生产管理机构。无论是配备专职安全生产管理人员还是设置安全生产管理机构，必须以满足本单位安全生产管理工作的实际需要为原则。

（2）《中华人民共和国安全生产法》第二十五条规定，生产经营单位可以设置专职安全生产分管负责人，协助本单位主要负责人履行安全生产管理职责。

有些生产经营单位规模较大、专业性较强，为便于主要负责人更好地履行安全生产管理职责，需要具备安全生产专业知识人员的协助。企业应积极总结设置专职安全生产分管负责人的经验，如设置安全总监等岗位，协助本单位主要负责人履行安全生产管理职责。

2. 危险化学品企业安全生产标准化建设中关于安全生产管理机构设置及安全生产管理人员配备的要求是什么?

《危险化学品从业单位安全标准化通用规范》（AQ 3013—2008）和《危险化学品从业单位安全生产标准化评审标准》对安全生产管理机构设置及安全生产管理人员配备作出以下规定：

（1）企业应设置安委会或领导小组，建立健全从安委会或领导小组到基层班组的安全生产管理网络。

（2）企业应设置安全生产管理机构或配备专职安全生产管理人员。安全生产管理机构要具备相对独立职能。专职安全生产管理人员应不少于企业从业人员总数的2%（不足50人的企业，至少配备1人），要具备化工或安全管理相关专业中专以上学历，有从事化工生产相关工作2年以上经历。

（3）企业应按规定配备注册安全工程师，且至少有1人具有3年化工安全生产经历；或委托安全生产中介机构选派注册安全工程师提供安全生产管理服务。

3.《危险化学品企业重点人员安全资质达标导则（试行）》中关于安全生产管理人员的配备和培训要求是什么？

（1）涉及重点监管危险化学品、重点监管危险化工工艺、重大危险源生产装置和储存设施的危险化学品企业，应设置相对独立的安全生产管理机构；其他危险化学品企业需配备专职安全生产管理人员。

专职安全生产管理人员需正式任命，专门从事本企业安全生产管理工作，一般不得兼任或兼职其他工作。

（2）有生产实体或储存设施构成重大危险源的危险化学品企业，满足下列条件的专职安全生产管理人员需达到规定数量：

1）具有化工安全相关专业大专及以上学历，或化工相关专业中级及以上专业技术职称，或化工安全相关工种技师及以上技能等级，或化工安全类注册安全工程师资格。

2）具有3年以上化工行业从业经历。

3）新入职6个月内接受不少于48学时的安全培训，取得相关安全生产知识和管理能力考核合格证书，每年再培训不少于16学时。

其他危险化学品企业专职安全生产管理人员满足条件3）即可。

（3）有生产实体或储存设施构成重大危险源的危险化学品企业，具备条件的专职安全生产管理人员需达到以下数量：

1）从业人员不足50人的，至少1名。

2）从业人员50人及以上但不足100人的，至少2名。

3）从业人员不少于100人的，不低于从业人员总数的2%。

（4）危险化学品企业从业人员在300人以上的，专职安全生产管理人员中化工安全类注册安全工程师的比例不得低于15%，且至少应当配备1名。

（5）涉及重大危险源、重点监管化工工艺的生产装置和储存设施的操作人员（以下简称高风险岗位操作人员），应具有化工职业教育背景（含技工教育）或高中及以上学历或取得有关类别中级及以上技能等级，上岗前安全培训不少于72学时，每年再培训不少于20学时，其中特种作业人员应持证上岗。

（6）危险化学品企业应与两类重点人员（危险化学品企业专职安全生产管理人员和高风险岗位操作人员）和注册安全工程师建立正式劳动合同和社保关系，并严禁上述人员在其他企业兼职。高风险岗位操作人员不得一人多岗。

4. 法律法规、部门规章中关于危险化学品生产、经营单位注册安全工程师配备的要求是什么？

注册安全工程师是指经全国统一考试合格，取得中华人民共和国注册安全工程师执业资格证书和执业证，在生产经营单位从事安全生产管理技术工作或者在安全生产中介机构从事有关安全生产技术服务的人员。

（1）《中华人民共和国安全生产法》第二十七条规定，危险物品的生产、储存、装卸单位以及矿山、金属冶炼单位应当有注册安全工程师从事安全生产管理工作。鼓励其他生产经营单位聘用注册安全工程师从事安全生产管理工作。注册安全工程师按专业分类管理。

（2）《注册安全工程师管理规定》第六条规定，从业人员在300人以上的煤矿、非煤矿矿山、建筑施工单位和危险物品生产、经营单位，应当按照不少于安全生产管理人员15%的比例配备注册安全工程师；安全生产管理人员在7人以下的，至少配备1名。

上述规定以外的其他生产经营单位，应当配备注册安全工程师或者委托安全生产中介机构选派注册安全工程师提供安全生产服务。

二、安全生产管理机构及人员的职责

1. 企业安全生产管理机构和专职安全生产管理人员的职责是什么？

《中华人民共和国安全生产法》第二十五条规定，生产经营单位的安全生产管理机构以及安全生产管理人员履行下列职责：

（1）组织或者参与拟订本单位安全生产规章制度、操作规程和生产安全事故应急救援预案。

（2）组织或者参与本单位安全生产教育和培训，如实记录安全生产教育和培训情况。

（3）组织开展危险源辨识和评估，督促落实本单位重大危险源的安全管理措施。

（4）组织或者参与本单位应急救援演练。

（5）检查本单位的安全生产状况，及时排查生产安全事故隐患，提出改进安全生产管理的建议。

（6）制止和纠正违章指挥、强令冒险作业、违反操作规程的行为。

（7）督促落实本单位安全生产整改措施。

2. 企业安全生产管理人员应具备哪些能力？

《中华人民共和国安全生产法》第二十七条规定，生产经营单位的主要负责人和安全生产管理人员必须具备与本单位所从事的生产经营活动相应的安全生产知识和管理能力。

生产经营单位的安全生产管理人员是本单位直接、具体承担本单位日常安全生产管理工作的人员。安全生产管理人员的安全生产知识和管理能力，与生产经营单位的风险防范能力直接相关。一般来讲，生产经营单位安全生产管理人员的安全生产知识要求高于主要负责人，并要有相应的现场安全生产管理能力。安全生产管理人员应当具备下列条件：

（1）熟悉并能认真贯彻国家有关安全生产的法律、法规、规章和方针政策，以及与本单位有关的安全生产规章制度、操作规程及相关的安全标准。

（2）掌握安全分析、安全决策及事故预测和防护知识，具有审查安全建设规划、计划、大中修施工方案的安全决策知识。

（3）具有一定文化程度，受过一定的安全技术培训，具有从事本行业的经验，熟悉和掌握本单位所从事的生产经营活动必需的安全生产知识，并能够熟练地在安全生产管理工作中运用。

（4）具有一定的组织管理能力，较好地组织和领导相应的安全生产工作，具有较好的现场安全生产管理能力。

3. 安全生产管理机构及管理人员履职要求是什么？

《中华人民共和国安全生产法》第二十六条规定，生产经营单位的安全生产管理机构以及安全生产管理人员应当恪尽职守，依法履行职责。

恪尽职守是安全生产管理人员应当具备的最基本的道德素质。恪尽职守，是指安全生产管理人员应当充分认识自己肩负的重大职责，对工作尽职尽责，积极、主动、认真、谨慎地依法履行各项安全生产管理职责，完成各项工作任务。既不能不履行职责，对生产经营单位存在的安全生产问题不闻不问，视职责为儿戏，也不能马马虎虎，敷衍了事，使安全生产管理和现场检查流于形式。

依法履行职责，即指履行《中华人民共和国安全生产法》和其他有关法律、法规、规章规定的职责。例如，《中华人民共和国安全生产法》第二十五条规定了安全生产管理机构以及安全生产管理人员的职责范围。《中华人民共和国安全生产法》第四十六条规定，生产经营单位的安全生产管理人员应当根据本单位的生产经营特点，对安全生产状况进行经常性检查；对检查中发现的安全问题，应当立即处理；不能处理的，应当及时报告本单位有关负责人，有关负责人应当及时处理。检查及处理情况应当如实记录在案。生产经营单位的安全生产管理人员在检查中发现重大事故隐患，依照上述规定向本单位有关负责人报告，有关负责人不及时处理的，安全生产管理人员可以向主管的负有安全生产监督管理职责的部门报告。

思考题

1. 安全生产分管负责人如何带领安全生产管理团队做好安全生产监督管理工作？

2. 自查本单位安全生产管理机构及安全生产管理人员设置方面的问题，并提出解决措施。

第四节　安全生产投入的有效实施

一、安全生产投入的作用

1. 安全生产投入在企业安全生产中的作用是什么?

安全生产投入是生产经营单位实现安全发展的前提，是做好安全生产工作的基础。安全生产投入总体上包括资金、物资、技术、人员等方面的投入。

（1）确保安全生产投入是落实“安全第一、预防为主、综合治理”安全生产基本方针的重要支撑。“安全第一”是理念和原则，“预防为主”是思路和着力点，“综合治理”是途径和手段。综合治理的办法很多，但归纳起来主要有人的素质的提高、本质安全化水平的提升、现场作业环境的改善和优化及事故救援能力的强化等几个方面。而这几个方面做得够不够、好不好，衡量尺度无疑是国家标准和行业标准。要达到这些标准，没有充足的安全生产投入是不行的。标准是引领，投入是支撑。企业满足标准要求的过程，也是增加安全生产投入的过程。没有一定的安全生产投入作为保障，所谓达标创建、综合治理都是一句空话。

（2）确保安全生产投入是党中央、国务院对企业落实安全生产主体责任的基本要求。习近平总书记明确指出，所有企业都必须认真履行安全生产主体责任，做到安全投入到位、安全培训到位、基础管理到位、应急救援到位。其中，安全投入到位排在第一位，足见其重要性。应当说，能不能确保安全生产投入，是衡量企业是否落实安全生产主体责任的一个重要标准。

（3）确保安全生产投入是企业的法定义务和法律责任。根据《中华人民共和国安全生产法》第四条的规定，生产经营单位必须遵守《中华人民共和国安全生产法》和其他有关安全生产的法律、法规，加强安全生产管理，加大对安全生产资金、物资、技术、人员的投入保障力度，改善安全生产条件。为了实现安全生产，生产经营单位要做出一切努力，包括硬件设施，如为工人配备安全帽等劳动防护用品，还包括软件方面，如安全生产教育、岗位培训等。国务院有关部门制定的安全规程、规范和国家标准，针对不同行业的生产经营特点及潜在的危险因素，规定了生产经营单位应当达到的基本安全生产条件。对这些规定，生产经营单位必须严格执行，达不到规定的安全生产条件的，不得从事相关的生产经营活动。同时，生产经营单位在符合安全生产条件的基础上，还要不断改善安全生产条件，从根本上促进安全生产水平的提升。

2. 安全生产分管负责人在企业安全生产投入方面应重点关注什么?

（1）关注企业是否按照国家有关规定，并根据企业营收情况足额提取安全生产费用。必须明确的是，安全生产费用提取与企业营业收入、产量或产值挂钩，不与企业盈亏挂钩。

（2）关注提取出来的安全生产费用是否专款专用，已支出的安全生产费用是否用在刀刃上。这就需要企业提前研判在安全生产方面存在的短板，利用安全生产费用去解决亟待解决的隐患问题，筑牢安全生产的屏障。

（3）关注安全生产费用的使用效果，检验安全生产投入的有效性。组织安全生产费用的使用部门、管理部门、财务部门等联合开展安全生产投入后评估分析，不断优化安全生产费用使用规划。

二、安全生产费用的提取、使用与管理

1.《中华人民共和国安全生产法》中关于安全生产投入的规定有哪些?

（1）《中华人民共和国安全生产法》第二十三条规定，生产经营单位应当具备的安全生产条件所必需的资金投入，由生产经营单位的决策机构、主要负责人或者个人经营的投资人予以保证，并对由于安全生产所必需的资金投入不足导致

的后果承担责任。有关生产经营单位应当按照规定提取和使用安全生产费用，专门用于改善安全生产条件。安全生产费用在成本中据实列支。安全生产费用提取、使用和监督管理的具体办法由国务院财政部门会同国务院应急管理部门征求国务院有关部门意见后制定。

这一规定，一方面明确了资金投入的最低要求，即必须保证生产经营单位能够持续地具备《中华人民共和国安全生产法》和有关法律、行政法规、国家标准或者行业标准所规定的安全生产条件；另一方面根据生产经营单位的经济成分、经营方式的不同，明确了资金保证义务的承担主体，即生产经营单位的决策机构、主要负责人或者个人经营的投资人。同时，因安全生产所必需的资金投入不足导致生产安全事故发生，造成人员伤亡和财产损失的，生产经营单位的决策机构、主要负责人或者个人经营的投资人应当对后果负责，即承担相应的法律责任，包括民事赔偿责任、行政责任以及刑事责任。其中，生产经营单位的决策机构是指对生产经营单位的经营方案和投资计划等重大事项进行决策的机构，主要包括对安全生产资金投入进行决策的机构，如有限责任公司、股份有限公司的股东会或者董事会。

（2）《中华人民共和国安全生产法》第三十一条规定，生产经营单位新建、改建、扩建工程项目（以下统称建设项目）的安全设施，必须与主体工程同时设计、同时施工、同时投入生产和使用。安全设施投资应当纳入建设项目概算。

这是关于建设项目的安全设施与“三同时”原则的规定。许多生产经营单位为最大限度地追求经济利益，不重视安全设施建设问题。例如，在建设项目的设计和施工阶段，忽视生产的安全要求，没有配备应有的安全设施，从而导致项目建成后存在着严重的设计性事故隐患。消除这些隐患往往需要付出巨大的代价，有些甚至不可挽回，从而造成严重的资金浪费并可能引发生产安全事故。在建设项目的设计、施工阶段就做好生产安全事故的预防工作，对防止和减少生产安全事故具有重要意义。

（3）《中华人民共和国安全生产法》第四十七条规定，生产经营单位应当安排用于配备劳动防护用品、进行安全生产培训的经费。

安全生产必须有一定的资金保证，用于提高从业人员的安全意识和安全操作技能，改善从业人员的劳动条件，为从业人员提供必要的劳动防护用品，否则，生产经营单位的安全生产将很难实现。生产经营单位的安全生产经费问题，关系《中华人民共和国安全生产法》是否能够得到有效实施。《中华人民共和国安全生产法》要求生产经营单位安排一定的经费用于安全生产工作，是实践中的一贯做法。需要注意的是，为从业人员配备劳动防护用品、进行安全生产培训是生产经营单位的法定义务，生产经营单位不得让从业人员承担这些费用，不得让从业人员缴纳劳动防护用品费、培训费等费用，不得以这些费用为由克扣从业人员的工资、福利等待遇。

（4）《中华人民共和国安全生产法》第五十一条规定，国家鼓励生产经营单位投保安全生产责任保险。属于国家规定的高危行业、领域的生产经营单位，应当投保安全生产责任保险。具体范围和实施办法由国务院应急管理部门会同国务院财政部门、国务院保险监督管理机构和相关行业主管部门制定。

安全生产责任保险是保险机构对投保单位发生生产安全事故造成的人员伤亡和有关经济损失等予以赔偿，并且为投保单位提供生产安全事故预防服务的商业保险。

（5）《中华人民共和国安全生产法》第九十三条规定，生产经营单位的决策机构、主要负责人或者个人经营的投资人不依照《中华人民共和国安全生产法》规定保证安全生产所必需的资金投入，致使生产经营单位不具备安全生产条件的，责令限期改正，提供必需的资金；逾期未改正的，责令生产经营单位停产停业整顿。有上述违法行为，导致发生生产安全事故的，对生产经营单位的主要负责人给予撤职处分，对个人经营的投资人处 2 万元以上 20 万元以下的罚款；构成犯罪的，依照刑法有关规定追究刑事责任。

是否“具备安全生产条件”应当结合多方面的因素综合进行判断，如注册安全工程师出具的安全生产评估结论、负有安全生产监督管理职责的部门出具的安全生产整改通知、特定建设项目的安全设施的验收审查结果等。如果有关部门和专业人员对生产经营单位提出整改要求或者负面评价，应当认为相关生产经营单位不具备安全生产条件。

如果有上述规定的违法行为，首先应由负有安全生产监督管理职责的部门责令生产经营单位的决策机构、主要负责人、个人经营的投资人在规定的期限内纠正违法行为，提供生产经营单位应当具备的安全生产条件所必需的资金。如果违法行为人在规定的期限内仍然不改正，则从保障广大人民群众生命财产安全的角度出发，有关部门有权责令生产经营单位停产停业整顿，直到整改到位，方可重新恢复生产经营。

导致发生生产安全事故，是一种加重处罚情形，具体又可以分为两个层次。一是虽发生生产安全事故，但相关情形不构成刑事犯罪的，对生产经营单位的主要负责人给予撤职处分，对个人经营的投资人处2万元以上20万元以下的罚款。二是导致发生生产安全事故，构成犯罪的，在行政处罚的同时，还应当依照刑法有关规定追究刑事责任。这里追究的刑事责任，主要是指构成刑法规定的关于重大劳动安全事故的犯罪。

2.《企业安全生产费用提取和使用管理办法》中规定的危险品生产与储存企业安全生产费用的提取标准是什么？

危险品生产与储存企业以上年度实际营业收入为计提依据，采取超额累退方式按照以下标准平均逐月提取安全生产费用：

（1）营业收入不超过1 000万元的，按照4.5%提取。

（2）营业收入超过1 000万元至1亿元的部分，按照2.25%提取。

（3）营业收入超过1亿元至10亿元的部分，按照0.55%提取。

（4）营业收入超过10亿元的部分，按照0.2%提取。

3.《企业安全生产费用提取和使用管理办法》中规定的危险品生产与储存企业安全生产费用的使用范围是什么？

（1）完善、改造和维护安全防护设施设备支出（不含“三同时”要求初期投入的安全设施），包括车间、库房、罐区等作业场所的监控、监测、通风、防晒、调温、防火、灭火、防爆、泄压、防毒、消毒、中和、防潮、防雷、防静电、防腐、防渗漏、防护围堤和隔离操作等设施设备支出。

（2）配备、维护、保养应急救援器材、设备支出和应急救援队伍建设、应急预案制修订与应急演练支出。

（3）开展重大危险源检测、评估、监控支出，安全风险分级管控和事故隐患排查整改支出，安全生产风险监测预警系统等安全生产信息系统建设、运维和网络安全支出。

（4）安全生产检查、评估评价（不含新建、改建、扩建项目安全评价）、咨询和标准化建设支出。

（5）配备和更新现场作业人员劳动防护用品支出。

（6）安全生产宣传、教育、培训和从业人员发现并报告事故隐患的奖励支出。

（7）安全生产适用的新技术、新标准、新工艺、新装备的推广应用支出。

（8）安全设施及特种设备检测检验、检定校准支出。

（9）安全生产责任保险支出。

（10）与安全生产直接相关的其他支出。

4.《企业安全生产费用提取和使用管理办法》中关于安全生产费用的管理要求是什么?

（1）企业安全生产费用是指企业按照规定标准提取，在成本（费用）中列支，专门用于完善和改进企业或者项目安全生产条件的资金。安全生产费用管理遵循以下原则：

1）筹措有章：统筹发展和安全，依法落实企业安全生产投入主体责任，足额提取。

2）支出有据：企业根据生产经营实际需要，据实开支符合规定的安全生产费用。

3）管理有序：企业专项核算和归集安全生产费用，真实反映安全生产条件改善投入，不得挤占、挪用。

4）监督有效：建立健全企业安全生产费用提取和使用的内外部监督机制，按规定开展信息披露和社会责任报告。

（2）企业应当建立健全内部安全生产费用管理制度，明确企业安全生产费用提取和使用的程序、职责及权限，落实责任，确保按规定提取和使用企业安全生产费用。

（3）企业应当加强安全生产费用管理，编制年度企业安全生产费用提取和使用计划，纳入企业财务预算，确保资金投入。

（4）企业提取的安全生产费用从成本（费用）中列支并专项核算。符合规定的企业安全生产费用支出应当取得发票、收据、转账凭证等真实凭证。本企业职工薪酬、福利不得从企业安全生产费用中支出。企业从业人员发现报告事故隐患的奖励支出从企业安全生产费用中列支。企业安全生产费用年度结余资金结转下一年度使用。企业安全生产费用出现赤字（即当年计提企业安全生产费用加上年初结余小于年度实际支出）的，应当于年末补提企业安全生产费用。

（5）以上一年度营业收入为依据提取安全生产费用的企业，新建和投产不足一年的，当年企业安全生产费用据实列支，年末以当年营业收入为依据，按照规定标准计算提取企业安全生产费用。

（6）企业按规定标准连续两年补提安全生产费用的，可以按照最近一年补提数提高提取标准。《企业安全生产费用提取和使用管理办法》公布前，地方各级人民政府已制定下发企业安全生产费用提取使用办法且其提取标准低于《企业安全生产费用提取和使用管理办法》规定标准的，应当按照《企业安全生产费用提取和使用管理办法》进行调整。

（7）企业安全生产费用月初结余达到上一年应计提金额 3 倍及以上的，自当月开始暂停提取企业安全生产费用，直至企业安全生产费用结余低于上一年应计提金额 3 倍时恢复提取。

（8）企业当年实际使用的安全生产费用不足年度应计提金额 60%的，除按规定进行信息披露外，还应当于下一年度 4 月底前，按照属地监管权限向县级以上人民政府负有安全生产监督管理职责的部门提交经企业董事会、股东会等机构审议的书面说明。

（9）企业同时开展两项及两项以上以营业收入为安全生产费用计提依据的业务，能够按业务类别分别核算的，按各项业务计提标准分别提取企业安全生产费用；不能分别核算的，按营业收入占比最高业务对应的提取标准对各项合计营业收入计提企业安全生产费用。

（10）企业作为承揽人或承运人向客户提供纳入《企业安全生产费用提取和

使用管理办法》规定范围的服务，且外购材料和服务成本高于自客户取得营业收入85%以上的，可以将营业收入扣除相关外购材料和服务成本的净额，作为企业安全生产费用计提依据。

（11）企业内部有两个及两个以上独立核算的非法人主体，主体之间生产和转移产品和服务按《企业安全生产费用提取和使用管理办法》规定需提取企业安全生产费用的，各主体可以以本主体营业收入扣除自其他主体采购产品和服务的成本（即剔除内部互供收入）的净额，作为企业安全生产费用计提依据。

（12）承担集团安全生产责任的企业集团母公司（一级，以下简称集团总部），可以对全资及控股子公司提取的企业安全生产费用按照一定比例集中管理，统筹使用。子公司转出资金作为企业安全生产费用支出处理，集团总部收到资金作为专项储备管理，不计入集团总部收入。集团总部统筹的企业安全生产费用应当用于《企业安全生产费用提取和使用管理办法》规定的应急救援队伍建设、应急预案制修订与应急演练，安全生产检查、咨询和标准化建设，安全生产宣传、教育、培训，安全生产适用的新技术、新标准、新工艺、新装备的推广应用等安全生产直接相关支出。

（13）在《企业安全生产费用提取和使用管理办法》规定的使用范围内，企业安全生产费用应当优先用于达到法定安全生产标准所需支出和按各级应急管理部门、矿山安全监察机构及其他负有安全生产监督管理职责的部门要求开展的安全生产整改支出。

（14）企业由于产权转让、公司制改建等变更股权结构或者组织形式的，其结余的企业安全生产费用应当继续按照《企业安全生产费用提取和使用管理办法》管理使用。

（15）企业调整业务、终止经营或者依法清算的，其结余的企业安全生产费用应当结转本期收益或者清算收益。下列情形除外：危险品生产与储存企业转产、停产、停业或者解散的，应当将企业安全生产费用结余用于处理转产、停产、停业或者解散前的危险品生产或者储存设备、库存产品及生产原料支出。上述情形企业安全生产费用结余，有存续企业的，由存续企业管理；无存续企业的，由清算前全部股东共同管理或者委托第三方管理。

（16）企业提取的安全生产费用属于企业自提自用资金，除集团总部按规定统筹使用外，任何单位和个人不得采取收取、代管等形式对其进行集中管理和使用。法律、行政法规另有规定的，从其规定。

三、安全生产费用管理常见问题及解决措施

1. 企业在安全生产费用管理方面的常见问题有哪些？

（1）对安全生产投入重视程度不够。例如，某些企业尤其是小微型企业“经济效益第一”的观念并未从根本上发生转变，其直接表现为在安全生产投入上“省”“拖”“凑”，未足额提取或未提取安全生产费用。由于化工行业领域市场竞争激烈，一些中小企业微利或亏损，使安全生产投入更加“捉襟见肘”。

（2）安全生产费用相关制度内容存在缺陷。例如，某些企业未明确“以企业上年度实际营业收入为计提依据，采取超额累退方式按照相关标准平均逐月提取”的要求；未明确安全生产费用范围不含“三同时”要求的初期安全设施投资和新建、改建、扩建工程项目安全评价费用；未明确安全生产费用相关管理部门职责和提取标准，使用和验收流程不清晰，缺乏考核标准等。

（3）安全生产费用制度落实不到位。例如，某些企业制度中规定“由企业规划计划处负责安全生产费用使用计划的编制、上报、下达、审批和监督工作”，但是企业规划计划处编制的年度安全生产费用提取计划不全面，大部分用于事故隐患整改项目，未将可燃有毒气体报警等安全设施支出、劳动防护用品支出、安全生产宣传和教育培训支出等项目列入安全生产费用使用计划。

（4）安全生产投入计划审核把关不严。例如，某些企业未根据实际需求制订年度安全生产投入计划；计划未由企业相关领导审核、审批签字确认；安全生产投入“不会管”问题突出，把部分不属于安全生产投入范畴支出列入安全生产投入计划（如“三同时”中涉及的安全设施支出、安全管理人员工资等）；企业财务和安全部门沟通衔接不畅，财务人员面对名目繁多的列支，很难辨识出哪些支出需要列支在安全生产费用中，可能存在该列支的没有列支，不该列支的被财务部门列入的情况。

（5）安全生产费用超范围使用。例如，某些企业安全生产费用台账中包含危废库房工程建设、安全检查招待费、环境预案评审咨询费、一般劳动防护用品（普通工作鞋、雨衣、肥皂等）费、以现金形式发放的防暑降温费（高温津贴）、职业健康查体费用等，不符合《企业安全生产费用提取和使用管理办法》中关于使用范围的规定。

（6）安全生产费用台账管理不到位。例如，某些企业应对检查时由安全或业务部门临时做台账，而不是由财务部门提供台账；企业安全生产费用台账未列出"完善、改造和维护安全防护设施设备支出，配备、维护、保养应急救援器材支出和应急演练支出"等费用，与实际支出情况不符。

（7）安全生产投入使用未经有效验证。未安排专人对事故隐患整改资金支出以及购置的设备设施、劳动防护用品现场使用等安全生产投入使用情况进行有效验证，未对安全生产投入使用结果进行有效评估。

2. 企业保证安全生产投入有效实施的措施有哪些?

（1）企业必须正确处理安全生产投入与企业利润的关系。企业必须牢固树立"安全第一"的安全发展理念和"以人为本，生命至上"的安全红线观念，在任何时候都要把落实安全生产投入作为企业财务管理的优先事项予以保证。尤其是对于经营困难、利润下滑的企业而言，更应当保证安全生产投入，决不能以企业经营困难或经营亏损为由少提甚至不提安全生产费用。必须明确的是，安全生产费用提取与产量或产值挂钩，不与企业盈亏挂钩。经营可以亏损，安全不能欠账，这是每个企业必须坚守的行为底线。

（2）安全生产费用必须专款专用、用足用好。安全生产费用要专门用于改善安全生产条件，这是硬约束，任何企业和个人都不得突破，不得转移截流，不得任意改变安全生产费用的用途。对于已经提取的安全生产费用，应当贯彻"当年提取、当年用尽"的原则，不能追求节余、积蓄，更不能为了少提安全生产费用而故意制造节余。企业必须明白，在预防领域多投入一分钱，就可以在事故救援与善后方面节省五分钱。更重要的是，在预防环节每多投入一分钱，都可能少发生一起事故，多保护一条甚至几条、几十条最宝贵的生命和更多家庭的幸福。安全生产费用必须坚持提了就要用，而且要用在刀刃上，用在筑牢预防安全事故的防线上，用在为企业从业人员提供安全卫生的生产环境上，使安全生产费用成为生命之盾、幸福之源。

（3）建立健全安全生产费用提取和使用的管理制度。企业应当建立健全内部安全生产费用管理制度，明确安全生产费用提取和使用的程序、职责及权限，按规定提取和使用安全生产费用。安全生产费用除进行制度化管理外，还要按财务有关制度实施控制，形成完整和准确的记录档案，建立安全生产费用台账，每年及时总结项目和费用的完成情况。在年度财务会计报告中，应披露安全生产费用提取和使用的具体情况。

（4）编制年度安全生产费用提取和使用计划。每年年初企业安全部门应牵头，与生产、技术、设备、财务等部门共同制订本年度安全生产费用的提取和使用计划，纳入企业财务预算，进行预算管理。使用计划应报主要负责人批准。经批准的计划应发送到相关部门、车间，各部门、基层单位应相互配合执行。

（5）加强安全生产费用使用与验收管理。企业应按照《企业安全生产费用提取和使用管理办法》足额提取安全生产费用，专款专用，建立安全生产费用台账，定期统计分析提取和使用情况，保留完整的记录。安全生产费用年度结余资金结转下年度使用，当年计提安全生产费用不足的，超出部分按正常成本费用渠道列支。定期组织安全生产费用使用部门和财务部门对安全生产费用使用情况进行联合验收，确保资金投入的有效性。

各企业应根据自身的工作特点和具体情况，立足长远，着手当前，按照“轻、重、缓、急”原则对安全生产投入进行统筹安排，不但要有针对性，还要有实效性，尽量避免没有实际效果的盲目投入，力求做到事半功倍。

思考题

1. 安全生产分管负责人如何监督落实安全生产费用的足额提取与有效使用？

2. 自查本企业在安全生产费用提取与使用方面存在的问题，并提出解决措施。

第五节　安全生产规章制度和操作规程

一、安全生产规章制度和操作规程的定义及重要性

1. 安全生产规章制度的作用是什么？

安全生产规章制度是指生产经营单位依据国家有关法律法规、国家和行业标准，结合生产经营的安全生产实际，以生产经营单位名义颁发的有关安全生产的规范性文件，一般包括规程、标准、规定、措施、办法、制度、指导意见等。

安全生产规章制度是生产经营单位贯彻国家有关安全生产法律法规、国家和行业标准、安全生产方针和政策的行动指南，是生产经营单位有效防范生产、经营过程安全风险，保障从业人员安全健康、财产安全、公共安全，加强安全生产管理的重要措施。

2. 安全操作规程的作用是什么？

安全操作规程是作业人员操作机器设备、调整仪器仪表和在其他作业过程中，必须遵守的程序和注意事项。安全操作规程规定操作过程中应该做什么、不该做什么、应该怎么做、设施或者环境应该处于什么状态，是作业人员安全操作的行为规范。

安全操作规程是为了保障安全生产而制定的。生产经营单位根据生产性质、技术设备的特点和技术要求，结合实际为各工种作业人员制定安全操作规程，它是生产经营单位实现安全生产的基本文件，也是对作业人员进行安全生产教育的主要依据。

3. 为什么要建立健全安全生产规章制度和操作规程？

（1）生产经营单位是安全生产的责任主体，《中华人民共和国安全生产法》

第四条规定，生产经营单位必须遵守《中华人民共和国安全生产法》和其他有关安全生产的法律、法规，加强安全生产管理，建立健全全员安全生产责任制和安全生产规章制度。因此，建立健全安全生产规章制度和操作规程是国家有关安全生产法律法规明确的生产经营单位的法定责任。

（2）《国务院关于进一步加强企业安全生产工作的通知》要求，要坚持“安全第一、预防为主、综合治理”的方针，全面加强企业安全管理，健全规章制度，完善安全标准，提高企业技术水平，夯实安全生产基础；坚持依法依规生产经营，切实加强安全监管，强化企业安全生产主体责任落实和责任追究，促进我国安全生产形势实现根本好转。生产经营单位的安全生产主体责任主要包括以下内容：物质保障责任、资金投入责任、机构设置和人员配备责任、安全生产规章制度制定责任、教育培训责任、安全管理责任、事故报告和应急救援责任，以及法律、法规、规章规定的其他安全生产责任。因此，建立健全安全生产规章制度和操作规程是生产经营单位落实主体责任的具体体现。

（3）建立健全安全生产规章制度和操作规程是生产经营单位安全生产的重要保障。安全风险来自生产、经营活动过程，只要生产、经营活动在进行，安全风险就客观存在。客观上，企业应对生产工艺过程、机械设备、人员操作进行系统分析、评价，制定出一系列的操作规程和安全控制措施，以保障生产经营单位生产、经营合法、有序、安全地运行，将安全风险降到最低。在长期的生产经营活动过程中积累的大量风险辨识、评价、控制技术，以及生产安全事故教训，是探索和驾驭安全生产客观规律的重要基础，只有形成生产经营单位的规章制度和操作规程，才能使其得到不断积累、有效继承和发扬。

（4）建立健全安全生产规章制度和操作规程是生产经营单位保护从业人员安全与健康的重要手段。国家有关保护从业人员安全与健康的法律法规、国家和行业标准只有通过企业的安全生产规章制度和操作规程才能体现出来，才能使从业人员明确自己的权利和义务。同时，安全生产规章制度和操作规程也为从业人员遵章守纪提供标准和依据。建立健全安全生产规章制度和操作规程可以防止生产经营单位管理的随意性，有效地保障从业人员的合法权益。

二、安全生产规章制度的内容及管理要求

1. 安全生产规章制度的编制依据是什么?

安全生产规章制度以安全生产法律、法规、规章、标准和有关规定为依据，因此必须符合安全生产法律、法规、规章、标准和有关规定的要求。

生产经营单位安全生产规章制度是一系列法律法规在生产经营单位生产、经营过程中具体贯彻落实的体现。安全生产规章制度建设的核心就是危险、有害因素的辨识和控制。通过对危险、有害因素的辨识，提高规章制度建设的目的性和针对性，保障安全生产。同时，生产经营单位要积极吸取相关事故教训，及时修订和完善规章制度，防范类似事故重复发生。

2. 企业应建立哪些安全生产规章制度?

《危险化学品生产企业安全生产许可证实施办法》明确了企业应建立的管理制度应至少包括以下内容：

(1) 安全生产例会等安全生产会议制度。

(2) 安全投入保障制度。

(3) 安全生产奖惩制度。

(4) 安全培训教育制度。

(5) 领导干部轮流现场带班制度。

(6) 特种作业人员管理制度。

(7) 安全检查和隐患排查治理制度。

(8) 重大危险源评估和安全管理制度。

(9) 变更管理制度。

(10) 应急管理制度。

(11) 生产安全事故或者重大事件管理制度。

(12) 防火、防爆、防中毒、防泄漏管理制度。

(13) 工艺、设备、电气仪表、公用工程安全管理制度。

(14) 动火、进入受限空间、临时用电、吊装、高处、盲板抽堵、动土、断

路、设备检维修等作业安全管理制度。

（15）危险化学品安全管理制度。

（16）职业健康相关管理制度。

（17）劳动防护用品使用、维护、管理制度。

（18）承包商管理制度。

（19）安全管理制度及操作规程定期修订制度等。

除此之外，企业还应根据实际需求，建立下列管理制度：

（1）安全生产责任制及管理制度。

（2）重大危险源安全包保管理制度（存在重大危险源的企业）。

（3）消防安全管理制度。

（4）交通安全管理制度。

（5）防灾减灾管理制度。

（6）事故调查、报告、处理制度。

3. 安全生产规章制度全生命周期管理的内容是什么？

安全生产规章制度全生命周期包括起草、会签或公开征求意见、审核、签发、发布、培训、考核与反馈、持续改进等环节。

（1）起草。根据生产经营单位安全生产责任制，安全生产规章制度由安全生产管理机构或相关职能部门负责起草。起草前应对目的、适用范围、主管部门、解释部门及实施日期等予以明确，同时还应做好相关资料的准备和收集工作。规章制度的编制应做到目的明确、条理清楚、结构严谨、用词准确、文字简明、标点符号正确。

（2）会签或公开征求意见。起草的规章制度应通过正式渠道征求相关职能部门或相关从业人员的意见和建议，以利于规章制度颁布后的贯彻落实。当意见不能取得一致时，应由分管领导组织讨论，统一认识，达成一致。

（3）审核。制度签发前，应进行审核。一般规章制度由生产经营单位负责法律事务的部门进行合规性审查，专业技术性较强的规章制度应邀请相关专家进行审核。安全奖惩等涉及全员性的制度，应经过职工代表大会或由职工代表进行审核。

（4）签发。技术规程、安全操作规程等技术性较强的安全生产规章制度一般由生产经营单位主管生产的领导或总工程师签发，涉及全局性的综合管理制度应由生产经营单位的主要负责人签发。

（5）发布。规章制度应采用固定的方式进行发布，如红头文件形式、内部办公网络等。发布的范围涵盖应执行的部门、人员。特殊的规章制度还应正式送达相关人员，并由接收人员签字。

（6）培训。对于新颁布或修订的安全生产规章制度，应组织进行培训，安全操作规程类规章制度还应组织相关人员进行考试。

（7）考核与反馈。企业应定期对各岗位人员履行安全生产规章制度情况进行考核，通过奖惩措施提高从业人员遵章守纪的自觉性。定期检查安全生产规章制度执行中存在的问题，或建立信息反馈渠道，及时掌握安全生产规章制度的执行效果。

（8）持续改进。生产经营单位应每年制订规章制度制定、修订计划，并应公布现行有效的安全生产规章制度清单。对安全操作规程类规章制度，除每年进行审查和修订外，每3~5年应进行一次全面修订，并重新发布，确保规章制度建设和管理有序进行。

三、操作规程的编制与管理

1. 操作规程的编制依据有哪些?

（1）安全生产相关的法律、法规、规章、标准和有关规定。

（2）工艺装置设计文件、工作原理资料和生产工艺流程。

（3）设备的使用说明书和制造资料。

（4）作业环境条件、工作制度、安全生产责任制等。

（5）曾经出现的危险、事故案例及与本项操作有关的其他不安全因素。

（6）操作者的操作经验。

2. 操作规程包含哪些内容?

根据《国家安全监管总局关于加强化工过程安全管理的指导意见》（安监总

管三〔2013〕88号），操作规程的内容应至少包括：开车、正常操作、临时操作、应急操作、正常停车和紧急停车的操作步骤与安全要求；工艺参数的正常控制范围，偏离正常工况的后果，防止和纠正偏离正常工况的方法及步骤；操作过程的人身安全保障、职业健康注意事项等。

因此，操作规程可参考如下内容设计：

（1）岗位设置，具体包括以下内容：

1）岗位名称、任务、管辖范围。

2）岗位定员及分工。

3）岗位职责及任职条件。

（2）工艺操作方法，具体包括以下内容：

1）工艺安全信息，包括化学品危害信息、工艺技术信息和工艺设备信息。

2）操作方法。根据规定的工艺指标和操作参数，规定正常运行的主要参数的调节方法和详细的操作步骤。

（3）开停车、故障及异常情况处理，具体包括以下内容：

1）开车。应明确开车方案编制、开车前准备工作、开车前的联系、开车步骤和安全操作要点。

2）正常停车。停车前应编写停车方案，做好停车前的准备，规定停车的详细操作步骤。

3）紧急停车。应明确紧急停车的各种前提条件、紧急停车的步骤。

4）故障及异常情况处理，包括以下内容：

①故障及异常情况现象与原因分析：明确故障及异常情况发生时直接表现出来的异常现象，如异常的声音、气味、报警等，分析导致故障及异常情况发生的原因。

②故障及异常情况确认：列出确认故障及异常情况的充分必要条件，对这些条件进行“是”或“否”的判断。

③故障及异常情况处理方法：应规定故障及异常情况发生时的处理方法。

（4）巡回检查，具体包括以下内容：

1）检查的频次、时机、记录。

2）具体巡检路线、内容和标准。

3）检查内容所覆盖的活动范围及所涉及的设备设施、工（器）具等。

（5）设备维护保养。明确设备维护保养的责任单位、责任人、维护保养事项及本单位相关设备维护保养规程的说明。

（6）交接班制度。应规定交接班的交接内容，至少对下列内容作出规定：

1）本班的安全、产量、工艺指标等生产情况。

2）工具、备品、备件。

3）异常情况及处理情况。

4）其他相关事项。

（7）职业卫生。识别岗位所存在的职业病危害因素，并告知其危害。

（8）劳动防护。对劳动防护用品和急救用品的配置、使用及维护保养等作出相应规定。

（9）应急处置。应规定岗位操作应急处置的要求，包括现场处置程序与方法、应急自救、应急响应、消防器材的配置与正确使用，人身伤害事故的现场急救等。当需要启动应急救援预案时，应规定启动应急救援预案的条件。

（10）操作规程的执行检查与考核。应规定操作规程执行情况的检查与考核要求；规定操作记录要求及记录的内容，包括记录时间、记录人、操作参数、有无异常情况等。

3. 企业应如何管理操作规程?

（1）企业要制定操作规程管理制度，规范操作规程的内容，明确操作规程编写、审查、批准、分发、使用、控制、修改及废止的程序和职责。

（2）编写完成后，应统一编号，广泛征求修改意见，修改定稿后经专业技术人员审核，由主管部门负责人或主要负责人审批后实施，规定生效日期。

（3）操作规程应及时反映安全生产信息、安全要求和注意事项的变化。企业应明确操作规程的归口管理部门，每年对操作规程的适应性和有效性进行确认，至少每 3 年要对操作规程进行审核修订。当发生以下情况时，应及时评审与修订操作规程：

1）国家有关安全生产法律、法规、规程、标准废止、修订或颁布时。

2）生产设施新建、扩建、改建时。

3）工艺、技术路线和装置设备发生变更时。

4）当分析重大事故和重复事故原因，发现操作方面的因素时。

5）其他相关事项。

修订操作规程时，必须有经验丰富的操作人员参加，以及时解决操作人员在实际操作中发现的问题。

（4）企业要确保作业现场始终存有最新版本的操作规程文本，以方便现场操作人员随时查用；定期开展操作规程培训和考核，建立培训记录和考核成绩档案；鼓励从业人员分享安全操作经验，参与操作规程的编制、修订和审核。

四、落实安全生产规章制度和操作规程的有效途径

1. 安全生产规章制度和操作规程未有效执行的原因是什么？

（1）安全生产规章制度和操作规程本身质量不高，表现为内容笼统，不切合实际，可操作性差，未得到多数执行者的认可；部门之间、不同体系之间的制度相互矛盾，执行者难以理解和掌握。

（2）安全生产规章制度和操作规程缺少安全领导力支撑，表现为企业领导层或管理层不能带头执行，或是重情面、轻制度，或是不能一视同仁，领导在一定程度上成为“破坏制度的第一杀手”。

（3）企业对安全生产规章制度和操作规程执行情况缺乏有效的监督、检查和考核，表现在未建立相应的考核体系，未明确考核责任部门和考核标准，或者考核力度不够。

（4）企业奖惩机制不完善，表现在对遵章守纪从业人员的激励不足，导致从业人员责任心和主动性不高，影响安全生产规章制度和操作规程的有效执行；对违纪从业人员的惩罚力度不够，导致同类违纪行为反复出现，破坏了安全生产规章制度和操作规程的严肃性和权威性。

（5）企业未定期开展安全生产规章制度和操作规程宣贯培训，表现为从业人

员不清楚制度和规程的要求，不清楚自己的职责内容，从而无法将相关要求贯彻落实到具体工作中去。

（6）企业未定期开展安全生产规章制度和操作规程的管理评审，表现为企业未明确安全生产规章制度和操作规程评审和修订的时机和频次，未通过定期评审和修订确保其有效性和适用性。

2. 如何提升安全生产规章制度和操作规程的执行力？

（1）提高安全生产规章制度和操作规程的编写质量。应做到以下几点：

1）篇幅简短，语言简练。

2）通俗易懂，平易近人。

3）开门见山，直奔主题。

4）只写“干什么”，不写“为什么”。

5）就事论事，一事一议。

6）贴合实际，量体裁衣。

（2）加强安全生产规章制度和操作规程的宣传与培训。通过宣传，保证百分之百的员工知晓率及百分之百的内容知晓率，实现制度从理念到行动、从抽象到具体的落实效果。通过培训，使从业人员学习制度和规程的内容及其在实际操作中的经验技巧，了解违反制度和规程的典型案例和后果。

（3）做好安全生产规章制度和操作规程的监督考核。企业要建立相应的考核机制，成立监督检查小组，采用定期与随机相结合的方式，对制度和规程的执行落实情况进行全覆盖监督检查。在监督和检查过程中，充分吸取各方意见，记录制度和规程中执行不畅或不合理的地方，以备下一次修订。

（4）充分发挥安全领导力作用。避免领导破坏安全生产规章制度和操作规程既定的流程和规则，杜绝“破窗效应”。通过安全领导力作用，不仅可以充分调动各级从业人员遵章守纪的积极性，还能站在领导层的角度，充分协调各方资源，为制度和规程的落实提供充足的“养分”。

（5）营造自觉遵守安全生产规章制度和操作规程的文化氛围。企业安全生产规章制度和操作规程的良好执行力来自于企业良好的安全文化。当制度和规程的内涵未被从业人员从心理上接受时，则制度和规程仅仅是管理规范，至多是管理者的文化，对从业人员来说只是外在的约束。只有当制度和规程的内涵被从业人员从心理上接受并自觉遵守时，制度和规程才变成一种文化。企业需要把提高安全生产规章制度和操作规程执行力的理念植入每位从业人员的头脑之中，通过制度约束使价值观贯彻到每位从业人员的行为中，从而形成习惯，再从习惯变为从业人员的自觉行为，最终形成企业文化。

（6）建立安全生产规章制度和操作规程评审和持续改进机制。企业的业务流程和管理环境不是一成不变的，制度和规程的更新和修订，不仅可以保持制度和规程与实际情况相符，更能及时改正制度和规程中不合理的地方，保持其科学性和合理性。在执行过程中，应通过不断地检查、审视制度和规程，对其适宜性、可操作性进行评审，持续改进。

思考题

1. 安全生产分管负责人应如何组织或参与安全生产规章制度和操作规程的合规性建设？

2. 安全生产分管负责人应如何督促落实安全生产规章制度和操作规程？

3. 自查本企业在安全生产规章制度和操作规程建设及落实方面存在的问题，并提出解决措施。

第六节　安全生产教育和培训

一、法律法规和相关文件对企业安全生产教育和培训的要求

1.《中华人民共和国安全生产法》对企业安全生产教育和培训的要求有哪些?

《中华人民共和国安全生产法》第二十七条规定，生产经营单位的主要负责人和安全生产管理人员必须具备与本单位所从事的生产经营活动相应的安全生产知识和管理能力。危险物品的生产、经营、储存、装卸单位以及矿山、金属冶炼、建筑施工、运输单位的主要负责人和安全生产管理人员，应当由主管的负有安全生产监督管理职责的部门对其安全生产知识和管理能力考核合格。

《中华人民共和国安全生产法》第二十八条规定，生产经营单位应当对从业人员进行安全生产教育和培训，保证从业人员具备必要的安全生产知识，熟悉有关的安全生产规章制度和安全操作规程，掌握本岗位的安全操作技能，了解事故应急处理措施，知悉自身在安全生产方面的权利和义务。未经安全生产教育和培训合格的从业人员，不得上岗作业。生产经营单位使用被派遣劳动者的，应当将被派遣劳动者纳入本单位从业人员统一管理，对被派遣劳动者进行岗位安全操作规程和安全操作技能的教育和培训。生产经营单位接收中等职业学校、高等学校学生实习的，应当对实习学生进行相应的安全生产教育和培训，提供必要的劳动防护用品。生产经营单位应当建立安全生产教育和培训档案，如实记录安全生产教育和培训的时间、内容、参加人员以及考核结果等情况。

《中华人民共和国安全生产法》第二十九条规定，生产经营单位采用新工艺、新技术、新材料或者使用新设备，必须了解、掌握其安全技术特性，采取有效的安全防护措施，并对从业人员进行专门的安全生产教育和培训。

《中华人民共和国安全生产法》第三十条规定，生产经营单位的特种作业人员必须按照国家有关规定经专门的安全作业培训，取得相应资格，方可上岗作业。

2. 从业人员安全生产教育和培训的要求有哪些?

根据《生产经营单位安全培训规定》，生产经营单位应当进行安全培训的从业人员包括主要负责人、安全生产管理人员、特种作业人员和其他从业人员。

（1）主要负责人、安全生产管理人员的培训要求。危险化学品等生产经营单位主要负责人、安全生产管理人员初次安全培训时间不得少于48学时，每年再培训时间不得少于16学时。

（2）特种作业人员培训要求。特种作业人员应当接受与其所从事的特种作业相应的安全技术理论培训和实际操作培训，取得相应工种的特种作业人员资格证书。特种作业人员复审培训不少于8学时。离开特种作业岗位6个月以上的特种作业人员，应当重新进行实际操作考试，经确认合格后方可上岗作业。

已经取得职业高中、技工学校及中专以上学历的毕业生从事与其所学专业相应的特种作业，持学历证明经考核发证机关同意，可以免予相关专业的培训。跨省、自治区、直辖市从业的特种作业人员，可以在户籍所在地或者从业所在地参加培训。

（3）其他从业人员的培训要求

1）现场监护人员培训要求。涉及特殊作业的现场监护人员，应按照《危险化学品企业特殊作业安全规范》（GB 30871—2022）规定取得特殊作业监护人员培训合格证书，方可上岗作业。

2）特种设备作业人员培训要求。从事压力容器焊接、气瓶充装等特种设备操作、维护作业的人员，应按照《中华人民共和国特种设备安全法》规定，经特种设备安全监督管理部门考核合格，取得特种设备作业人员操作资格证书，方可从事相应作业。

3）新上岗从业人员的培训要求。危险化学品单位新上岗的临时工、合同工、劳务工、轮换工、协议工等要进行强制性安全培训，保证其具备本岗位安全操作、自救互救以及应急处置所需的知识和技能后，方能安排上岗作业。新上岗的从业人员安全培训时间不得少于 72 学时，每年接受再培训的时间不得少于 20 学时。

4）从业人员重新培训的要求。从业人员在本企业内调整工作岗位或离岗 1 年以上重新上岗时，应当重新接受车间（工段、区、队）和班组级的安全培训。化工（危险化学品）企业实施新工艺、新技术或者使用新设备、新材料时，或者实施工艺技术变更、设备设施变更后，应当对有关从业人员重新进行有针对性的安全培训。

5）专职应急救援人员培训要求。专职应急救援人员应按照有关规定，经专门应急救援培训，考核合格后，方可上岗，并定期参加复训。

（4）承包商相关人员的培训要求。承包商相关人员应接受化工（危险化学品）企业的入厂安全生产教育及作业场所安全培训并经考试合格。安全生产教育和培训记录由双方签字后备案。

3. 从业人员安全培训的内容有哪些?

相关法律法规对从业人员安全培训的基本要求是熟悉有关安全生产规章制度和安全操作规程，具备必要的安全生产知识，掌握本岗位的安全操作技能，增强预防事故、应急处理的能力。但是不同岗位从业人员的安全培训内容各有侧重。

（1）主要负责人培训内容。根据《化工（危险化学品）企业主要负责人安全生产管理知识重点考核内容（第一版)》要求，主要负责人的培训内容如下：

1）危险化学品安全生产的法律、法规、规章及标准。

2）安全领导力，主要包括主要负责人的安全责任，全员安全生产责任制建设要求，安全生产管理机构、安全生产管理人员、注册安全工程师等配备要求，保证安全生产投入的有效实施，安全生产标准化等管理体系的建设及运行要求，企业安全文化建设及运行要求，组织制定并实施本单位安全生产规章制度、操作规程，安全生产教育和培训的要求等。

3）安全风险管理，主要包括安全风险分级管控和隐患排查治理双重预防工作机制的建立与实施要求，危险化学品重大危险源管理要求，试生产和开停车、高风险作业、承包商管理、变更管理的主要风险和管控措施等。

4）应急管理，主要包括应急预案的编制、评审、备案、修订、演练及评估等要求，应急体系建设及运行，危险化学品安全措施及事故应急处置原则等。

5）事故事件管理，主要包括事故事件管理及持续改进要求、生产安全事故报告和调查处理的有关规定等。

6）危险化学品安全生产形势及典型事故案例。

7）国内外安全生产先进管理理论。

（2）安全生产管理人员培训内容。根据《化工（危险化学品）企业安全生产管理人员安全生产管理知识重点考核内容（第一版）》要求，安全生产管理人员的培训内容如下：

1）危险化学品安全生产的法律、法规、规章及标准。

2）安全生产管理，主要包括全员安全生产责任制建设要求，安全生产管理人员的法定职责，企业安全生产规章制度、操作规程的编制及实施要求，安全风险分级管控和隐患排查治理双重预防工作机制的实施要求，安全生产标准化等管理体系的建设及运行要求，危险化学品危险源辨识和评估方法，“两重点一重大”的管控措施及管理要求，关键装置、要害部位的主要风险及管控要求，特殊作业的管理要求，变更管理要求，安全生产教育和培训的要求等。

3）安全生产技术，主要包括危险化学品的燃烧爆炸类型和过程，危险化学品燃烧爆炸事故的危害，危险化学品事故的控制和防范措施，泄漏控制与销毁处置技术，危险化学品危害及防护措施，火灾爆炸预防基本原则，点火源及其控制、爆炸控制、防火防爆安全装置及技术，设备、电气、仪表基础知识，安全设施、特种设备、安全仪表系统的基本管理要求等。

4）应急管理，主要包括应急救援预案的编制、评审、备案、修订、演练及评估等要求，应急体系建设及运行，危险化学品安全措施及事故应急处置原则等。

5）事故事件管理，主要包括事故事件管理及持续改进要求、生产安全事故报告和调查处理的有关规定等。

6）危险化学品安全生产形势及典型事故案例。

7）国内外安全生产先进管理理论。

（3）特种作业人员培训内容。在涉及重大危险源的场所从事特殊作业、危险化工工艺、生产装置操作岗位的特种作业人员，按照《特种作业人员安全技术培训考核管理规定》规定的特种作业人员培训大纲实施培训。

（4）其他从业人员的培训内容

1）现场监护人员培训内容。特殊作业现场监护人员培训内容主要包括票证办理知识，监护人的职责，作业现场的工艺流程、生产设备、物料走向、物料特点和环境状况，防火、防爆、防中毒、防窒息、防触电的一般知识，工作危害分析（JSA）方法，防毒面具、正压式空气呼吸器和常用灭火器材的使用方法，现场救护的一般知识，撤离路线、发生紧急情况时的报告程序等。

2）特种设备作业人员培训内容。在重大危险源场所从事压力容器焊接、气瓶充装等特种设备操作、维护作业的人员，应按照《特种设备作业人员考核规则》规定进行培训。

3）新上岗从业人员的培训内容。新上岗从业人员按照《危险化学品生产经营单位从业人员安全培训大纲》规定实施培训。主要培训内容包括国家安全生产方针、政策和有关危险化学品安全生产的主要法律、法规、规章，危险化学品知识，防火防爆知识，设备、附件、安全及消防设施，化工生产过程的基本安全知识，检维修作业，危险源辨识，劳动防护用品及应急救援器材的使用和维护，安全警示与标志，安全生产规章制度和操作规程，事故事件状态下的现场应急处置，事故案例分析。

4. 安全生产教育和培训工作存在的主要问题有哪些？

（1）企业对安全生产教育和培训重视程度不够。一些企业没有把安全生产教育和培训作为企业提升安全生产水平的内在需求，认为是政府有关部门的额外要求，是一种负担，企业领导不重视，有关部门消极应付。

（2）安全生产教育和培训针对性差。培训内容宽泛空虚，多侧重于理论知识的培训，实际操作培训内容较少，特别是没有结合企业特点和各岗位的实际，对一线操作人员进行应知应会和安全操作技能培训。

（3）安全生产教育和培训深度不够。安全培训只讲“如何做，不讲为什么这么做”，从业人员“知其然而不知其所以然”，导致情况稍有变化，从业人员则无法应对，处理异常工况应变能力不足。

（4）安全生产教育和培训形式单一。企业安全培训大多采用满堂灌、填鸭式的单一教学方式，从业人员学习比较被动，缺乏积极主动的学习意识。

5. 如何做好企业从业人员的安全生产教育和培训工作？

（1）加强法治意识、安全意识和职业素养教育。《中华人民共和国安全生产法》第六条规定，生产经营单位的从业人员有依法获得安全生产保障的权利，并应当依法履行安全生产方面的义务。第五十七条规定，从业人员在作业过程中，应当严格落实岗位安全责任，遵守本单位的安全生产规章制度和操作规程，服从管理，正确佩戴和使用劳动防护用品。化工企业屡见不鲜的“违反操作规程、违反劳动纪律”行为，是一种违法行为，如果由此导致生产安全事故，有关操作人员是要负法律责任的。因此，应通过教育和培训增强操作人员的法治意识和安全意识。

化工行业是高危行业，涉及危险化学品易燃、易爆、易中毒的固有风险，高温、高压、真空、低温的工艺风险，以及受限空间和动火等特殊作业风险等，如果不严格遵守企业安全生产规章制度和操作规程，非常容易导致生产安全事故，不仅自己会受到伤害，还可能被追究责任。要对化工从业人员特别是化工操作人员进行职业素养教育，一方面使其建立良好的安全意识，具备良好的技术素质，严格执行行业和企业安全生产规章制度和操作规程，另一方面要结合化工高危行业的特点，要求从业人员必须自觉认同企业的各项管理要求，工作必须严谨、认真、一丝不苟。

（2）注重安全生产教育和培训工作的针对性。要做好培训需求调查，厘清培训需求问题、能力差距，确定培训需要解决的问题，制定培训目标。要结合企业特点和各岗位的实际，本着“干什么、学什么，缺什么、补什么”的原则开展，对一线操作人员进行应知应会和安全操作技能培训。针对重点岗位要进行重点培训，使每位从业人员具备应对突发事故的能力。

（3）创新培训方法。传统的培训通常以说教形式为主，培训方式单调，从业人员往往提不起学习兴趣。使从业人员实现从“要我学”到“我要学”的转变，培训方法的创新至关重要。要摒弃传统的单向沟通的讲授方式，采用以从业人员为主体、教师为主导的培训方式，注重从业人员参与度。要把案例教学法、任务驱动法等现代教学方法融入培训中，使从业人员的学习主体地位得到充分尊重，并产生强烈的解决问题的驱动力，实现学习态度由“要我学”向“我要学”的转变，进而提升从业人员参与培训的积极性。

（4）建立培训体系运行机制。以岗位培训需求矩阵为依据，逐步形成考、培、练一体化标准体系和运行机制，实现考、培、练内容统一化，日常培训个性化，岗位练兵制度化，考核评价科学化。

（5）完善培训激励机制。建立长效的考核激励机制，充分调动从业人员的积极性，使从业人员从“要我培训”向“我要培训”转变。特别要注重对学习成果转化和绩效改善的激励。

二、现代教育培训常用方法的运用

1. 如何运用讲授法组织培训教学？

（1）讲授法的含义。讲授法是指培训师通过语言直接向学员系统连贯地传授知识的方法。讲授法可以向学员描绘情境、叙述事实、解释概念、论证原理、阐明规律等，是应用最广的教学方法，其他教学方法的运用几乎都要同讲授法结合进行。讲授法根据讲授的技巧一般可以分为讲述、讲解、讲读、讲演和讲评等几种形式。

（2）讲授法的实施步骤

1）讲授前准备。在课前准备环节，通过设计若干教学活动，如呈现图片、音乐、视频、模型、案例等，吸引学员的注意。

2）讲授内容导入。内容导入是在新旧知识之间搭建桥梁，使新旧知识的异同点明确显现，由原有认知推导到新的认知。内容导入的方法很多，如复习导入、实验导入、问题导入、故事导入等。

3）课程讲授。课程讲授主要通过讲述和讲解的方式，帮助学员改造和重组认知结构。讲授过程应灵活运用多媒体、模型、实物等认知工具辅助学员认知。

（3）讲授法的应用要领

1）充分准备讲授内容。讲授内容要具有科学性和思想性。无论是描绘情境、叙述事实，还是阐述概念、论证原理，都应当准确无误、翔实可靠、逻辑严密。

2）恰当使用教学语言。讲授对教学语言具有较高要求，要注意吐字清晰、音调适中、速度及轻重音适宜。

3）充分贯彻启发式原则。讲授内容要具有渐进性和扼要性，应根据教学内容的内在联系由浅入深、从简至繁、循序渐进。

4）结合其他教学方法。讲授法应与其他教学方法交互作用，不拘一格，使讲授内容形象化、具体化，以帮助学员加深对讲授内容的理解。

2. 如何运用案例分析法组织培训教学？

（1）案例分析法的含义。案例分析法是指培训师根据教学目标的要求主导学员对案例进行阅读、思考、分析讨论和交流，促使原理与实践相结合的一种互动式教学活动。案例分析法是以案例分析为教学基础，以培养学员实践能力为核心的教学法。

（2）案例分析法的实施步骤

1）案例准备，具体如下：

①收集案例。在教学准备阶段，培训师需要根据培训的目标和主题收集相关资料，挑选合适的案例并充分了解案例的相关背景。收集案例一定要充分利用企业的各种资源，尽可能地使资料翔实、生动。

②问题设计。案例讨论的问题应与培训目标一致，不能有明显的倾向性结论，需要学员通过分析和讨论过程得出结论。问题的难易程度应尽量与学员的知识水平、经验阅历相适应。

2）案例教学实施，具体如下：

①案例介绍。在实施阶段，培训师首先对案例进行说明，明确案例教学目的，激发学员兴趣，精心组织学员进行讨论。

②案例讨论。讨论阶段是案例教学的核心阶段。培训师在每个案例之后一般只作简单的提示性思考建议，将讨论与参与的空间留给学员发挥。培训师应少讲多“点”（点拨），鼓励学员多“说”，积极引导学员参与到教学中来，让学员自己思考如何运用所学知识恰当解决案例中的问题。讨论可由培训师或学员主持，小组代表或者个人随意发言。培训师要照顾到各组和重点学员，特别关照那些性格内向、不善表达的学员，给他们一定的学习参与机会。培训师也可随机抽点，以避免“无发言任务”的学员消极参与。

③成果分享。学员分组讨论后，小组研讨结果要在小组内分享，小组内达成一致；小组研讨结果还需要在组间分享，小组间对比和学习借鉴，取长补短。

3）案例点评。案例点评是对各小组研讨结果的总体评价，应按照事实归纳、知识关系分析、争议的核心问题、涉及的理论知识、结论的步骤进行。对关键点和疑难点清晰地陈述说明，不能留有歧义；对于无准确结论的问题，点评时要说明原因；优秀的点评应具备独创性的见解。

3. 如何运用任务驱动法组织培训教学？

（1）任务驱动法的含义。任务驱动法是指将教学目标与课程内容隐含在一个或几个有代表性的任务中，以学员完成任务作为教学活动的重心，有选择性使用的一种重在培养学员综合职业能力的教学方法。学员在完成任务的动机驱使下，通过对任务进行分析、讨论，明确大体涉及的知识以及需要解决的问题，在培训师的指导与帮助下，通过对学习资料的主动应用，在自主探索和互动协作的学习过程中找出完成任务的方法，最后通过完成任务实现教学目标。

（2）任务驱动法的实施步骤

1）任务设计。任务设计应与培训教学目标和岗位工作任务相匹配。通过对教学内容、学员特征、岗位胜任能力等方面的分析，设计符合培训教学目标的任务。任务设计应关注完成任务的难易程度、学员的学习兴趣等方面。任务设计包括个人任务和小组任务。

2）任务执行。完成任务是贯穿教学的主线，任务驱动教学法中需要以真实的情境引发学员共鸣，通过有意义的课堂环境激发学员参与探讨的兴趣，从而为更好地完成任务打下良好基础。任务驱动教学活动以小组合作探讨的方式进行，应确保学员都能积极参与到课堂问题的探讨中。

3）任务展示。在完成任务后，按照小组进行任务成果展示或者选择有代表性的个人进行展示。通过任务展示，组织学员交流，促使学员学习他人经验，发现不足，反思并改进。

4）评价总结。展示结束后，应及时给予客观评价，提出改进建议，帮助学员进一步完善任务成果。评价主要从过程评价和结果评价两个维度进行。过程评价主要从学员职业素养、学员参与度、关键节点成果等方面进行，结果评价主要从任务成果质量和能力形成程度两方面进行。

三、企业安全培训空间建设与应用

1. 安全培训空间由哪几部分组成？

根据《危险化学品企业安全培训空间建设应用指南（试行）》，安全培训空间由线下培训物理空间、线上学习网络空间和培训信息管理空间构成，是支撑企业线上线下融合培训和培训数字化管理的综合性载体。

2. 线下培训物理空间的建设要求是什么？

线下培训物理空间是指场所相对固定和独立、满足30人以上集中学习、教学设施齐全的培训教室，并具备多媒体教学、线上直播集中学习、在线互动交流、视频监控等条件，用于开展集中学习研讨。规模以上危险化学品企业建设线下培训物理空间除满足以上基本要求外，有条件的还可选配以下设施：

（1）安全文化认知区，重点展示安全承诺、安全理念、安全风险分布四色图、危险化学品“一书一签”等。

（2）事故警示教育区，重点模拟展示国内外重特大事故案例及本企业发生的事故及未遂事件。

（3）设备安全认知区，重点展示常用的化工安全设施和安全仪表的内部结构、工作原理、正确的使用和维护方法等。

（4）消防安全认知区，重点展示常用灭火器、喷淋装置、警铃等消防设备设施的使用和维护方法。

（5）应急认知区，重点展示呼吸器、防护服等个体防护装备和常用救援器材使用、检查和维护方法。

（6）工艺仿真区，重点模拟企业工艺设备、生产流程、工艺参数、联锁数值等。

（7）操作培训区，重点展示常见高风险作业安全实操设备。

线下培训物理空间可利用企业现有会议室等场所改建或新建，建筑物防火、安全距离、逃生通道和出口、疏散指示标志等应符合有关规范要求。

3. 线上学习网络空间的建设要求是什么？

（1）线上学习平台功能要求

1）支持用户实名注册或企业培训管理员批量导入学员信息，支持短信随机码、密码、人脸识别等至少1种方式验证身份。

2）支持电脑端、移动端（含不同操作系统）学习，不同终端的学习进度、学时等可实时同步。

3）具有人脸识别、学习图像抓拍等防替学、防挂课功能，禁止同一账户多终端登录、同一终端多账户登录和同一账户同时学习多个课程。

4）具有课程浏览和选择、在线学习考试、错题反馈、在线补考、网上答疑、学习记录、课程评价等功能，用户体验良好。

5）具有支持培训师开发课程、题库等的教学辅助功能，支持不同种类培训数字资源高效上传、自动分类、修改、检索及管理。

6）具有企业培训管理员对学员、培训计划、考试测评、培训档案、培训师、培训资源等进行有效管理的功能。

（2）线上学习资源基本要求

1）线上学习资源需符合法律法规和培训考试大纲等规定，根据企业实际情况、培训对象、培训目标等进行针对性开发，从政治性、合规性、完整性、针对性等角度审核后发布，并及时更新。

2）每门课程应有课程名称、主讲老师、重点内容、培训时长等的简要介绍，科学编号，方便检索。

3）每门课程应配套测试试题，学习结束后进行在线测试。

4）线上学习时长可累积计算，每满 45 分钟计为 1 学时，可作为年度再培训达标的依据。

5）相同的内容宜配置不同的培训师讲授，供学员选择，支持学员评价课程质量，引导优胜劣汰。

6）企业可结合实际编制安全培训矩阵，分级分类建立不同岗位的个性化安全培训课程体系。

7）可配套法律法规、事故案例、培训课件、测评试题、数字图书等辅助培训资源。

（3）线上学习平台和资源建设要求

1）危险化学品企业可自主开发或利用现有的线上学习平台和资源，也可以委托专业机构提供有关服务。

2）提供专业服务的机构应具有良好的信誉、健全的管理制度、高质量的培训资源和平台建设、教学管理、课程研发、运营服务、安全防护等能力，能够及时解决平台运行维护中出现的问题。

3）由专业机构提供线上学习平台和资源的，除通用课程等资源外，专业机构应根据企业实际和工艺特点开发个性化培训课程等资源，并逐步将比例提升到30%以上。

4. 培训信息管理空间的建设要求是什么?

（1）个人培训档案管理要求

1）线上学习平台应支持学员建立个人学习培训空间，个人可对学习记录、培训资源、通知公告、培训凭证等进行管理；平台可实现培训资源智能匹配、学习提醒、证书到期提醒、重要信息推送等功能。

2）企业应依托线上学习平台或其他信息管理系统，建立全员培训档案，按身份证号进行编号，实行一人一档。

3）个人培训档案一经建立不可撤销，历史记录非特殊情况不可更改，确需更改的须按权限管理，且可追溯、可查询。企业或其委托的专业机构应建立明确的岗位责任制度，严格管理培训档案，严防修改培训档案等违规行为。

4）个人可查询自身培训档案，输出培训凭证。

（2）企业培训信息管理要求

1）危险化学品企业应依托线上学习平台或企业其他信息管理系统，建立以企业统一社会信用代码为基础的安全培训综合信息数据库，全面记录企业从业人员培训及考试测评、培训数字资源及使用评价、培训师资及其授课评价等信息。

2）危险化学品企业应及时统计、分析本企业安全培训情况，有针对性地加强和改进培训管理，督促从业人员学习。

3）企业培训信息应定期备份，并及时存储到符合要求的脱机载体上，保存期限不少于 6 年。

4）严格个人信息保护，严禁用于无关用途。

（3）培训信息上传和政府管理监督要求

1）危险化学品企业或其委托的专业机构应通过数据接口或者文件传输方式，及时将本企业从业人员安全培训综合信息档案上传至属地人民政府应急管理部门，应包含附件有关数据项。

2）地方人民政府应急管理部门应定期统计、分析本地区企业安全培训情况，有针对性地加强督促指导，并对工作滞后企业进行精准监管执法。

5. 企业应如何运用好安全培训空间？

（1）危险化学品企业应认真履行安全培训主体责任，建立完善培训管理制度，明确责任机构和人员，按规定足额提取培训经费，每年年初制订培训计划，充分利用培训空间，推动全员安全培训落地见效。

（2）规模以上危险化学品企业应自主建设培训空间，中小企业可使用其他企业或专业机构提供的培训空间，逐步实现“企企有空间、人人用空间”。

（3）企业可建立内训师培养机制，推动内部安全管理员、技术或技能人员成为内训师，通过组织试讲、竞赛、交流、培训等形式提高内训师能力，逐步实现企业在岗培训以内训师承担为主。

（4）企业应利用培训空间，加强从业人员安全技术技能考核评价。定期统计通报培训学习情况和考试测评结果。企业可建立培训学时学分累积制度，推行“每日一学，每周一课，每月一考”等做法，将学时学分累积情况和培训考核结果与个人安全奖励、提拔任用、评先评优等挂钩。

（5）企业或有关专业机构应制定规章制度，完善工作流程，明确由专人负责培训空间管理运维，及时处理各类故障，保障空间正常运行。

思考题

1. 安全生产分管负责人如何组织好重点岗位人员的工伤预防技能提升培训？

2. 如何利用安全培训空间开展线上线下融合的培训？

第七节　危险化学品的危险特性及预防

一、危险化学品分类

1. 什么是危险化学品？

根据《危险化学品安全管理条例》，危险化学品是指具有毒害、腐蚀、爆炸、燃烧、助燃等性质，对人体、设施、环境具有危害的剧毒化学品和其他化学品。

2. 危险化学品是如何进行分类的？

《化学品分类和标签规范》（GB 30000. 2—2013 至 30000. 29—2013）将化学

品危险性分为28类95个类别。以此为基础，《危险化学品目录》（2015版）选取了28类中危险性较大的81个类别作为危险化学品。

28类危险化学品根据危险和危害特性分为物理危险、健康危害和环境危害3类。具有物理危险特性的有爆炸物、易燃气体、气溶胶、氧化性气体、加压气体、易燃液体、易燃固体、自反应物质和混合物、自燃液体、自燃固体、自热物质和混合物、遇水放出易燃气体的物质和混合物、氧化性液体、氧化性固体、有机过氧化物和金属腐蚀物16类，健康危害包括急性毒性、皮肤腐蚀/刺激、严重眼损伤/眼刺激、呼吸道或皮肤致敏、生殖细胞致突变性、致癌性、生殖毒性、特异性靶器官毒性——一次接触、特异性靶器官毒性——反复接触和吸入危害10类，环境危害包括危害水生环境和危害臭氧层两类。

二、危险化学品的危险特性及预防措施

1. 危险化学品的危险特性有哪些？

不同危险化学品的危险特性各有特点，同一化学品在不同条件下的危险特性也有变化。

（1）爆炸物的危险特性。爆炸物具有化学不稳定性，在一定的作用下能以极快的速度发生猛烈的化学反应，产生的大量气体和热量在短时间内无法逸散，致使周围的温度迅速上升并产生巨大的压力而引起爆炸。爆炸需要外界供给一定的能量，即起爆能。不同的爆炸品需要不同的起爆能。

爆炸物还有殉爆危险特性。当炸药爆炸时，能引起一定距离之外的炸药也发生爆炸，这种现象称为殉爆。殉爆发生的原因是冲击波的传播作用，距离越近，冲击波强度越大。

（2）气体类危险化学品的危险特性。气体类危险化学品包括易燃气体、气溶胶、氧化性气体、加压气体4类。

硫化氢、氯气、一氧化碳、氨气等气体具有毒性、窒息性；氮气具有窒息性；硫化氢、氯气、氨气还具有腐蚀性，不仅会引起人畜中毒、窒息，还会使皮肤、呼吸道黏膜等受到严重刺激和灼伤而危及生命。当大量压缩或液化的硫化

氢、氯气、一氧化碳、氨气及其燃烧后的直接生成物扩散到空气中时，空气中氧的含量降低，人也会因缺氧而窒息。

易燃气体泄漏后能在空气中很快地扩散，遇火源会燃烧，与空气混合到一定浓度会发生爆炸。爆炸下限越低或爆炸极限范围越宽，爆炸危险性越大。比空气重的气体往往沿地面扩散，并在房间死角或低洼处长时间积聚不散，燃烧、爆炸危险性很大；毒性气体容易造成大量人员中毒。

有些气体的化学性质很活泼，可与很多物质发生反应。例如，乙炔、乙烯与氯气混合遇日光会发生爆炸，液态氧与有机物接触能发生爆炸，压缩氧与油脂接触能发生自燃。氧化性气体具有助燃作用，在火场中能增大火势，同时使一些不易燃烧的物质容易燃烧，导致燃烧加剧。

当化学品受热、撞击或强烈振动时，盛装危险化学品的容器内压会急剧增大，致使容器破裂爆炸，或导致气瓶阀门松动漏气，酿成火灾或中毒事故。

（3）易燃液体的危险特性。易燃液体具有高度的易燃易爆性和一定的毒害性。

易燃液体通常容易挥发，闪点和燃点较低，其蒸气与空气易形成爆炸性混合物，遇火源、火花容易发生燃烧或爆炸。有些液体蒸气的密度比空气大，容易积聚在低洼处，不易扩散，更增加了燃烧、爆炸的危险性。易燃液体闪点越低，燃烧危险性越大。

易燃液体的黏度很小，容易流动，渗透、浸润及毛细现象等作用能扩大其表面积，加快挥发速率，使空气中的蒸气浓度增大，进而增加燃烧、爆炸的危险性。

易燃液体电阻率较大，在受到摩擦、振动或流速较高时极易产生静电，静电积聚到一定程度会因放电产生电火花而引起燃烧或爆炸。一般情况下，易燃液体（如石油产品）的电阻率大于 $10^{10}\ \Omega\cdot m$ 时，会有显著的静电危害，必须采取防静电措施。

一些易燃液体的热膨胀系数较大，容易膨胀，且受热后蒸气压较高，从而使密闭容器内的压力升高。当容器内压力超过容器能承受的压力时，容器就会发生爆裂甚至爆炸。因此，在灌装易燃液体时，容器内要留有 5%以上的空间。

绝大多数易燃液体及其蒸气具有一定的毒性，食入、通过皮肤接触或经呼吸道进入人体，会导致人员中毒，甚至死亡。

（4）易燃固体的危险特性。易燃固体的熔点、燃点、自燃点以及分解温度较低，受热容易熔融、分解或汽化。能量较小的热源和撞击作用，可使易燃固体很快达到燃点而着火，燃烧速度也较快。例如，在常温下，能量很小的着火源即可使红磷燃烧。

固体具有可分散性与可氧化性。固体的颗粒越细，其表面积越大，分散性就越强，氧化也就越容易，燃烧也就越快，爆炸危险性则越强。当固体粒径小于0.01 mm时，可悬浮于空气中，与空气中的氧气发生氧化作用。易燃固体与氧化剂接触能发生剧烈反应而引起燃烧或爆炸。例如，红磷与氯酸钾接触，硫黄粉与氯酸钾或过氧化钠接触会立即发生燃烧或爆炸。

某些易燃固体具有热分解性，其受热后不熔融，而发生分解。热分解的温度高低直接影响危险性大小，受热分解温度越低的物质，其火灾、爆炸危险性就越大。很多易燃固体本身具有毒害性，或燃烧后能产生有毒的物质，如二硝基苯酚、硫黄、五硫化二磷。

（5）自燃、自热、自反应性物质的危险特性。有些物质化学性质非常活泼，具有极强的还原性，接触空气后能迅速与空气中的氧化合，并产生大量的热，达到其自燃点而着火，如黄磷、硫化亚铁、烷基铝等。这类物质多为含有较多不饱和双键的化合物，遇氧或氧化剂容易发生氧化反应，并放出热量。如果通风不良，热量积聚不散，致使温度进一步升高，又会加快氧化反应速率，产生更多的热量，导致温度进一步升高，最终会因积热达到自燃点而引起自燃。

有些物质受热易分解并放出热量，由于热量不能及时扩散而导致物质温度升高，最后发生剧烈分解；有的物质会由于分解放热，温度到达自燃点而着火，如赛璐珞、硝化棉及其制品等。

（6）遇水放出易燃气体物质的危险特性。这类危险化学品遇水后会发生剧烈反应，产生大量易燃气体并放出大量热量。当易燃气体遇明火或由于反应放出的热量达到自燃温度时，就会发生燃烧或爆炸，如金属钠、金属钾等。有些物质不仅遇水易燃，而且在潮湿空气中也能自燃，在高温下反应会更加强烈，放出易燃气体和热量而导致火灾。放出易燃气体的物质大多都有很强的还原性，当遇到氧化剂或酸时反应会更加剧烈。有些遇水放出易燃气体的物质如钠汞齐、钾汞齐等本身具有毒性，有些遇湿可放出有毒气体。

（7）氧化性物质的危险特性。由于其强氧化性具有助燃作用，这类物质在火场中能使燃烧加剧而增大火势，导致事态扩大。这类物质与易燃、可燃物混合，极易生成危险的产物，有的立即着火甚至爆炸，有的对撞击、摩擦敏感，遇火源、受撞击、摩擦时极易引起燃烧或爆炸，如黑火药、氯酸钾与硫黄的混合物等。

有些氧化性物质，如硝酸盐、氯酸盐等，受热或受摩擦、撞击等作用时，极易分解并放出大量热量，此时如遇易燃、可燃物特别是粉末状物质，则会发生剧烈的化学反应而引起燃烧，甚至爆炸。有些氧化性物质具有一定的毒性和腐蚀性，能毒害人体，腐蚀烧伤皮肤。

（8）有机过氧化物的危险特性。这类物质具有分解爆炸性。由于含有极不稳定的过氧基，有机过氧化物对热、振动、撞击和摩擦都极为敏感，极易发生分解、爆炸。许多有机过氧化物易燃，且燃烧迅速而猛烈。过氧化环己酮、叔丁基过氧化氢、过氧化二乙酰等有机过氧化物对眼睛有伤害作用。

（9）腐蚀物的危险特性。腐蚀物具有强烈的腐蚀性、氧化性和毒害性。人体直接接触这些物质后，会引起表面灼伤或发生破坏性创伤。特别是接触氢氟酸时，能引发剧痛，使组织坏死，若不及时治疗，会导致严重的后果。当人们吸入腐蚀物挥发出的蒸气或飞扬到空气中的粉尘时，会造成呼吸道黏膜损伤，引起咳嗽、呕吐、头痛等。

腐蚀物能夺取有机物中的水分，破坏其组织成分并使之炭化。无论是酸还是碱，腐蚀物对金属均能产生不同程度的腐蚀作用而导致设备失效。浓硫酸、硝酸、氯磺酸等都是氧化性很强的物质，与还原剂接触易发生强烈的氧化还原反应，放出大量热量。多数腐蚀物具有不同程度的毒性，如发烟氢氟酸、发烟硫酸等，其烟雾对人体毒害性极大。

2. 化工装置发生火灾或爆炸的原因是什么?

（1）发生火灾的原因。可燃物质、助燃物质和点火源是燃烧的必要条件。三个要素中缺少任何一个，燃烧便不会发生。当然，有时虽然已具备了燃烧的三个条件，但燃烧也不一定发生。只有当可燃物质与助燃物质达到一定的比例，且点火源能量足够时才能引起燃烧。例如，当空气中氧含量下降到14%时，燃着的木材就会熄灭。

化工装置发生的火灾主要是危险化学品引发的火灾，此外还有电气火灾。化工生产过程中涉及的物料大多具有易燃性，如果发生泄漏，与空气混合达到一定的浓度，一旦遇到点火源，则会发生燃烧。常见的点火源有电火花、明火、高温热表面、静电放电火花、摩擦火花等。对于电气火灾，原因包括电气设施温度过高、电缆负荷过大等。

（2）发生爆炸的原因。爆炸是物质发生急剧的物理、化学变化，由一种状态迅速转变为另一种状态，并在瞬间释放出巨大能量的现象。爆炸可分为物理爆炸和化学爆炸，化工装置各种物料的爆炸大多属于化学爆炸。按爆炸反应物质分类，爆炸可分为纯组元可燃气体热分解爆炸、可燃气体混合物爆炸、可燃粉尘爆炸、可燃液体雾滴爆炸和可燃蒸气云爆炸等。

爆炸发生的原因主要如下：

1）易爆类固体物料储存不当，受自热或外界热源影响引起爆炸。

2）液体物料发生泄漏，液体蒸气扩散后与空气形成爆炸性混合物，遇火源引起爆炸。

3）气体物料发生泄漏，气体扩散后与空气形成爆炸性混合物，遇火源引起爆炸。

4）液化气体发生泄漏，汽化后与空气形成爆炸性混合物，遇火源发生爆炸。

3. 危险化学品火灾爆炸事故防控要点主要有哪些？

（1）防止危险化学品暴露在空气中。例如，做好设备设施维护，避免物料泄漏；采用氮气保护，避免物料与空气接触等。

（2）防止工艺系统因超温、超压、超液位运行而造成危险化学品泄漏，如严格控制工艺指标，设置完善的安全仪表系统和良好的泄压泄爆设施等。

（3）在存在易燃易爆物料的场所，防止点火源产生，如禁止火种，做好静电接地等。

（4）根据危险化学品的危险特性，合理做好危险化学品的储存管理工作。

（5）发生气体或液体泄漏，应尽快使气体扩散，避免气体积聚而形成爆炸性混合物，同时加强火源管控。

4. 防止危险化学品作业人员中毒的措施有哪些？

危险化学品生产性毒物存在于原料、辅料、产品、副产品、废气、废渣中。从事装置排污、污水处理作业，接触毒物的机会较多；在检维修作业前对设备进行吹扫置换时，可能接触有害气体；事故的发生可能造成大量毒物泄漏，也会增加人员接触毒物的机会。

生产性毒物侵入人体的途径包括经呼吸道吸入、经皮吸收和经口食入 3 种。

防范作业人员中毒，应从工程控制、安全管理、个体防护、培训教育及应急处置等方面采取有效的管控措施。

（1）工程控制

1）从本质安全角度出发，优先采取措施从源头上减少各类化学毒物或降低危险化学品的毒性。

2）落实工业通风措施，及时把生产过程中散逸的有毒物质排出，并送入清洁空气。

3）设置有毒气体检测装置，及时发现有毒气体的泄漏和积聚。

（2）安全管理

1）企业应建立防止人员中毒的管理制度，明确毒物来源、毒性大小、个人防护要求及防范措施。建立应急管理制度，明确人员中毒后的各项处置预案。

2）建立防止化学品逸出、泄漏的管理制度，明确相关责任人和落实措施。

3）保证足额的安全生产投入，确保防中毒、防泄漏的设施、措施落实到位，个体防护装备的配备满足要求。

（3）个体防护。对长期散逸毒物或毒物浓度较高的场所，作业人员应穿戴适用的劳动防护用品。

（4）教育培训。通过教育培训使作业人员知晓生产过程中可能产生的有毒化学品的有害性及防护措施，了解劳动防护用品的使用方法及维护保养方法及防范人员中毒的措施等。

（5）应急处置。制定防止人员中毒的应急预案，配齐应急物资，对作业人员进行培训，提高人员的初期处置和自救互救能力。

三、危险化学品储存安全管理

1. 危险化学品储存方式有哪些？基本管理要求有哪些？

（1）危险化学品储存方式主要有 3 种，分别是隔离储存、隔开储存、分离储存。应根据危险化学品性能分区、分类、分库储存。

1）隔离储存：在同一房间或同一区域内，不同的物品之间分开一定的距离，非禁忌物品间用通道保持空间的储存方式。

2）隔开储存：在同一建筑或同一区域内，用隔板或墙将危险化学品与禁忌物品分离开的储存方式。

3）分离储存：在不同的建筑物或同一建筑不同房间的储存方式。

（2）危险化学品储存基本管理要求如下：

1）应建立危险化学品储存信息管理系统，按照储存量大小进行分层次要求，实时记录作业基础数据，包括但不限于：

①危险化学品出入库记录，包括但不限于时间、品种、品名、数量。

②识别化学品安全技术说明书中要求的灭火介质、应急、消防要求以及危险特性，理化性质，搬运、储存注意事项和禁忌等，以及可能涉及安全相容矩阵表。

③库存危险化学品品种、数量、库内分布、包装形式等信息。

④库存危险化学品禁忌配存情况。

⑤库存危险化学品安全和应急措施。

2）危险化学品储存信息数据应进行异地实时备份，数据保存期限不少于 1 年。

3）危险化学品信息系统应具有接入所在地相关监管部门业务信息系统的

接口。

2. 危险化学品储存要求有哪些?

《危险化学品仓库储存通则》（GB 15603—2022）对危险化学品的储存要求如下：

（1）危险化学品仓库应采用隔离储存、隔开储存、分离储存的方式对危险化学品进行储存。

（2）应选择符合危险化学品特性、防火要求及化学品安全技术说明书中储存要求的仓储设施进行储存。

（3）应根据危险化学品仓库的设计和经营许可要求，严格控制危险化学品的储存品种、数量。

（4）危险化学品储存应满足危险化学品分类、包装、储存方式及消防要求。

（5）危险化学品的储存配存，应符合表 2-1 及化学品安全技术说明书的要求。

（6）储存爆炸物的仓库，其外部安全防护距离以及物品存放应满足《危险化学品经营企业安全技术基本要求》（GB 18265—2019）的要求。

（7）储存有毒气体或易燃气体，且构成危险化学品重大危险源的仓库，其外部安全防护距离应满足《危险化学品经营企业安全技术基本要求》（GB 18265—2019）的要求。

（8）储存具有火灾危险性危险化学品的仓库，耐火等级、层数、面积及防火间距应符合《建筑设计防火规范（2018 年版）》（GB 50016—2014）的要求。

（9）剧毒化学品、易燃气体、氧化性气体、急性毒性气体、遇水放出易燃气体的物质和混合物、氯酸盐、高锰酸盐、亚硝酸盐、过氧化钠、过氧化氢、溴素应分离储存。

（10）剧毒化学品、监控化学品、易制毒化学品、易制爆危险化学品，应按规定将储存地点、储存数量、流向及管理人员的情况报相关部门备案，剧毒化学品以及构成重大危险源的危险化学品，应当在专用仓库内单独存放，并实行双人收发、双人保管制度。

表 2-1 **危险化学品储存配存表**

化学品危险和危害种类	爆炸物	易燃气体、气溶胶	氧化性气体	加压气体（不燃、非助燃）	易燃液体	易燃固体	自反应物质和混合物	自燃液体、自燃固体	自热物质和混合物	遇水放出易燃气体的物质和混合物	氧化性液体、固体		有机过氧化物	金属腐蚀物及皮肤腐蚀/刺激（类别 1）、严重眼损伤/眼刺激（类别 1）				急性毒性			
											无机	有机		酸性无机	酸性有机	碱性无机	碱性有机	剧毒无机	剧毒有机	其他无机	其他有机
爆炸物	×																				
易燃气体、气溶胶	×	○																			
氧化性气体	×	×	○																		
加压气体（不燃、非助燃）	×	○	○	○																	
易燃液体	×	×	×	×	○																
易燃固体	×	×	×	×	消	○															
自反应物质和混合物	×	×	×	×	×	×	○														
自燃液体、自燃固体	×	×	×	×	×	×	×	○													
自热物质和混合物	×	×	×	×	×	×	×	×	○												
遇水放出易燃气体的物质和混合物	×	×	×	×	×	×	×	×	×	○											
氧化性液体、固体 无机	×	×	×	分	×	×	×	×	×	×	○										
氧化性液体、固体 有机	×	×	×	消	×	×	×	×	×	×	×	○									
有机过氧化物	×	×	×	×	×	×	×	×	×	×	×	×	○								

续表

化学品危险和危害种类		爆炸物	易燃气体、气溶胶	氧化性气体	加压气体（不燃、非助燃）	易燃液体	易燃固体	自反应物质和混合物	自燃液体、自燃固体	自热物质和混合物	遇水放出易燃气体的物质和混合物	氧化性液体、固体		有机过氧化物	金属腐蚀物及皮肤腐蚀/刺激（类别1）、严重眼损伤/眼刺激（类别1）				急性毒性			
												无机	有机		酸性无机	酸性有机	碱性无机	碱性有机	剧毒无机	剧毒有机	其他无机	其他有机
金属腐蚀物及皮肤腐蚀/刺激（类别1）、严重眼损伤/眼刺激（类别1）	酸性无机	×	×	×	×	×	×	×	×	×	×	×	×	×	○							
金属腐蚀物及皮肤腐蚀/刺激（类别1）、严重眼损伤/眼刺激（类别1）	酸性有机	×	×	×	×	消	×	×	×	×	×	×	×	×	×	○						
金属腐蚀物及皮肤腐蚀/刺激（类别1）、严重眼损伤/眼刺激（类别1）	碱性无机	×	×	×	分	消	分	×	×	分	×	分	消	×	×	×	○					
金属腐蚀物及皮肤腐蚀/刺激（类别1）、严重眼损伤/眼刺激（类别1）	碱性有机	×	×	×	×	消	消	×	×	×	×	×	×	×	×	×	○	○				
急性毒性	剧毒无机	×	×	×	×	×	×	×	×	×	×	×	×	×	×	×	×	×	○			
急性毒性	剧毒有机	×	×	×	×	×	×	×	×	×	×	×	×	×	×	×	×	×	○	○		
急性毒性	其他无机	×	×	×	分	消	分	×	×	分	×	分	×	×	×	×	×	×	×	×	○	
急性毒性	其他有机	×	×	×	×	分	消	×	×	×	×	×	×	×	×	×	×	×	×	×	○	○

①“○”表示原则上可以混存。具体化学品能否混存，参考其化学品安全技术说明书。凡混存物品，堆垛与堆垛之间，应留有 1m 以上的距离，并要求包装容器完整，不使两种物品发生接触。

②“×”表示互为禁忌物品，除根据相关规定应分离储存的以外，应隔开储存。

③“分”指应按化学品的危险性分类进行隔离储存，堆垛与堆垛之间应留有 2 m 以上的距离。

④“消”指两种物品性能并不相互抵触，但消防施救方法不同，应隔开储存。

⑤当危险化学品具有两种以上危险性时，应按照最严格的禁配要求进行配存。

⑥表中未涉及的健康危害和环境危害类别，具体配存要求参见其化学品安全技术说明书。

⑦爆炸物具体储存要求按照《危险化学品经营企业安全技术基本要求》（GB 18265—2019）执行。

3. 危险化学品出入库管理的要求有哪些?

《危险化学品仓库储存通则》（GB 15603—2022）对危险化学品的入库、在库、出库管理要求如下：

（1）入库作业

1）入库前应做好储存位置、搬运工具、加固材料、防护装备、交接清单的准备。

2）应对运输车辆（厢）、装载状况（含施封）进行检查。

3）应对入库危险化学品的品名、规格、数量与入库信息或单据的一致性进行查验。

4）入库物品的包装应完好，标志、安全标签应规范、清晰。

5）入库物品应附有中文化学品安全技术说明书和安全标签。

6）入库数量应以实际验收为准。

7）验收完毕应做好记录并归档，单据保存期限不少于 1 年。

（2）在库管理

1）应定期进行盘点，并记录。发现账货不符，应及时进行处理。

2）应定期对物品堆码状态、包装及仓库进行检查，并记录。应对检查发现的问题及时进行处理。

3）应根据储存的危险化学品特性和气候条件，确定每日观测库内温湿度次数，并记录。

4）应根据储存的危险化学品特性，正确调节控制库内温湿度。

5）盘点、检查、观测记录应保存不少于 1 年。

（3）出库作业

1）应在出库作业前，进行账货核对。

2）应核对出库单据的有效性。发现问题立即与相关方协调处理。

3）应查验提货车辆及驾驶、押运人员的资质，并记录。不符合要求的不应受理出库业务。

4）应做好出库前安全检查，确保包装及标签、标志正确完好，货物捆扎安全牢固。

5）出库单据保存期应不少于 1 年。

4. 危险化学品储存过程中发生火灾的主要原因有哪些？

（1）着火源管理控制不严。着火源是指引起可燃物燃烧的一切热能源，包括明火焰、赤热体、火星、电火花、化学能等。在危险化学品储存过程中的着火源可分为两类。一类是危险化学品在运输途中接触的烟蒂、燃放鞭炮时落下的火星等明火，若未能及时发现，会将火种带入库内引燃成灾；烟囱飞火、汽车排气管的火星、库房周围的明火作业、吸烟的烟蒂等外来火种。另一类是内部设备不良、操作不当引起的电火花、撞击火花和太阳能、化学能等。

（2）性质相互抵触的物品混存自燃起火。危险化学品保管人员缺乏常识，有些危险化学品在出厂时缺乏鉴定，没有在产品说明书上明确说明储存要求，造成性质相互抵触的危险化学品混存、混放。

（3）危险化学品包装损坏或不符合要求导致火灾。危险化学品容器包装损坏或者出厂的包装不符合安全要求都会引起事故。常见的情况有压缩气体气瓶不戴安全帽，金属钾或钠的容器渗漏，电石桶内充装的氮气泄漏，盛装黄磷的容器缺水，盛装易燃液体的玻璃容器瓶盖不严或瓶身上有气泡疵点，受阳光照射而聚焦等。

（4）危险化学品养护管理不善自燃起火。很多危险化学品对温度、湿度有严格的要求，如果保管人员缺乏养护管理知识，可能导致火灾事故发生。

（5）违反危险化学品安全操作规程导致火灾。搬运危险化学品时没有轻装轻卸，码垛过高不稳发生倾翻，在库内改装打包、封焊修理，易燃液体、气体装卸违反安全操作规程等，往往造成事故。

（6）危险化学品库房建筑不符合存放要求导致自燃起火。危险化学品库房的建筑条件差，建筑设施不符合所储存物品的存放要求也可能导致火灾事故的发生。

（7）电气设备不良、静电接地不好产生电火花。电气设备特别是照明和动力线路，往往由于安装不当或年久失修，绝缘老化、破损造成短路；照明灯具烤着可燃物引起火灾；储罐、管道接地不良致使静电积聚产生放电火花，引起泄漏的可燃气体爆炸。

（8）雷击事故。我国曾多次发生油罐和棉麻码垛遭受雷击的事故。例如，中国石油天然气总公司所属的黄岛油库因雷击引起油罐爆炸起火，大火燃烧了104 h，死亡19人。

（9）危险化学品着火后扑救不当酿成大火。着火时，不熟悉危险化学品的性能和灭火方法，使用不当的灭火剂灭火而使火灾扩大，是小火造成大火的原因之一。

5. 危险化学品装卸环节安全管理要求有哪些？

（1）建立危险化学品装卸环节安全管理制度，明确作业前、作业中和作业结束后各个环节的安全要求；严格执行危险化学品发货和装载查验、登记、核准制度。

（2）建立和完善危险化学品装卸车操作规程。例如，装卸作业时应对接口连接可靠性进行确认；装卸车过程中应安排具备从业资格的装卸人员进行作业，严禁由驾驶人员直接代替装卸人员进行装卸，配备现场监护人员。

（3）定期检查装卸场所是否符合安全要求，安全管理措施是否落实到位，应急预案及应急措施是否完备，装卸人员、驾驶人员、押运人员是否具备从业资格，装卸人员是否经培训合格后上岗作业，危险化学品装卸车设施是否完好、功能是否完备。

（4）储罐切水作业、液化烃充装作业、安全风险较大的设备检维修等危险作业应制定相应的作业程序并在作业时严格执行。针对上述危险作业，应做好以下几点：

1）液化烃罐区作业应实行“双人操作”，一人作业、一人监护。

2）液化烃球罐切水作业必须坚持“阀开不离人”，做到“不可靠不切水，无监护不切水”。

3）石油化工企业在生产装置停工期间，必须保障液化烃罐区安全运行所需要的仪表风、氮气、蒸汽等公用工程的稳定供应，相关安全设施必须完好、有效。

思考题

1. 列出本企业存在的有毒有害物质和采取的防范措施。
2. 列出本企业采取的防火防爆措施。

第八节　双重预防机制建设

一、双重预防机制建设基本要求

1. 什么是双重预防机制?

《关于印发标本兼治遏制重特大事故工作指南的通知》（安委办〔2016〕3号）、《关于实施遏制重特大事故工作指南构建双重预防机制的意见》（安委办〔2016〕11号）明确了双重预防机制是指安全风险分级管控和隐患排查治理。

安全风险分级管控即风险管理，包括危险源辨识、风险评价分级、风险管控。通过辨识风险点有哪些危险物质及能量、在什么情况下可能发生什么事故，全面排查风险点的现有管控措施是否完好，运用风险评价准则对风险点的风险进行评价分级，由不同层级的人员对风险进行管控，保证风险点的安全管控措施完好。隐患排查治理即对风险点的管控措施通过隐患排查等方式进行全面管控，及时发现风险点管控措施潜在的隐患，及时对隐患进行治理。

那么何为“双重预防机制”？把风险管控好，不让风险管控措施出现隐患，这是第一重“预防”；及时发现并治理风险管控措施出现的隐患，预防事故的发生，这是第二重“预防”。

2. 双重预防机制的起源是什么?

国务院安委会办公室于2016年4月6日印发了《关于印发标本兼治遏制重

特大事故工作指南的通知》（安委办〔2016〕3 号），提出了“坚持标本兼治、综合治理，把安全风险管控挺在隐患前面，把隐患排查治理挺在事故前面，扎实构建事故应急救援最后一道防线”的指导思想。国务院安委会办公室于 2016 年 10 月 9 日印发的《关于实施遏制重特大事故工作指南构建双重预防机制的意见》（安委办〔2016〕11 号）提出，构建安全风险分级管控和隐患排查治理双重预防机制，是遏制重特大事故的重要举措，并对如何构建双重预防机制提出了具体意见。这两个文件就是双重预防机制的起源。

3. 关于双重预防机制的法律规定有哪些？

《中华人民共和国安全生产法》对双重预防机制提出了如下具体要求：

第四条规定，生产经营单位必须遵守《中华人民共和国安全生产法》和其他有关安全生产的法律、法规，加强安全生产管理，建立健全全员安全生产责任制和安全生产规章制度，加大对安全生产资金、物资、技术、人员的投入保障力度，改善安全生产条件，加强安全生产标准化、信息化建设，构建安全风险分级管控和隐患排查治理双重预防机制，健全风险防范化解机制，提高安全生产水平，确保安全生产。

第二十一条规定，生产经营单位的主要负责人对本单位安全生产工作负有组织建立并落实安全风险分级管控和隐患排查治理双重预防工作机制，督促、检查本单位的安全生产工作，及时消除生产安全事故隐患的职责。

第四十一条规定，生产经营单位应当建立安全风险分级管控制度，按照安全风险分级采取相应的管控措施。生产经营单位应当建立健全并落实生产安全事故隐患排查治理制度，采取技术、管理措施，及时发现并消除事故隐患。

第一百零一条规定，生产经营单位未建立安全风险分级管控制度或者未按照安全风险分级采取相应管控措施，未建立事故隐患排查治理制度，或者重大事故隐患排查治理情况未按照规定报告的，责令限期改正，处 10 万元以下的罚款；逾期未改正的，责令停产停业整顿，并处 10 万元以上 20 万元以下的罚款，对其直接负责的主管人员和其他直接责任人员处 2 万元以上 5 万元以下的罚款；构成犯罪的，依照刑法有关规定追究刑事责任。

安全风险分级管控和隐患排查治理双重预防机制纳入了《中华人民共和国安全生产法》，从国家层面上对双重预防机制更加重视。双重预防机制工作是一项长期的工作。企业应引起高度的重视，按要求进一步修改完善双重预防机制有关管理制度，规范双重预防机制有关工作，全员参与到双重预防机制中来，努力取得实效，以实现“把安全风险管控挺在隐患前面，把隐患排查治理挺在事故前面”，确保企业风险可控，实现安全生产。

二、风险分级管控

1. 风险如何分类？

风险分为两类进行管理：原始风险与现有风险。

原始风险可以理解为风险点（生产装置、罐区、设备设施、作业活动等）因其固有危险性（涉及危险物质或能量或其他情况）而潜在的风险，或者指在不考虑现有管控措施，而只考虑固有危险性的情况下，风险点可能潜在的风险。现有风险是指风险点在现有风险管控措施的基础上仍然潜在的风险。现有风险的大小是随着风险点管控措施隐患的产生与治理而动态变化的。

原始风险又称为固有风险、初始风险、裸风险等，现有风险又称为剩余风险、残余风险等。在正常情况下，企业通过采取风险消减措施，将重大或较大风险降低为一般风险或低风险，即现有风险。企业因为构成了危险化学品重大危险源、涉及重点监管危险化工工艺，必然存在重大风险或较大风险，即原始风险。

2. 风险的分级与管控层级是如何确定的？

根据《关于印发标本兼治遏制重特大事故工作指南的通知》（安委办〔2016〕3号）、《关于实施遏制重特大事故工作指南构建双重预防机制的意见》（安委办〔2016〕11号）的要求，安全风险等级从高到低划分为重大风险、较大风险、一般风险和低风险，分别用红、橙、黄、蓝4种颜色标示。在实际工作中，也可以对风险进行数字化分级，即一级风险（重大风险）、二级风险（较大风险）、三级风险（一般风险）、四级风险（低风险），或Ⅰ级、Ⅱ级、Ⅲ级、Ⅳ级或1级、2级、3级、4级等。

重大风险、较大风险、一般风险和低风险的管控层级分别对应的是公司级、部门级、车间级、班组级，相应的管控责任人是相应管控层级单位的负责人，即公司领导层、部门负责人、车间负责人、班组长等。安全风险分级管控要求见表2-2。

表2-2 安全风险分级管控要求

风险等级	管控层级	责任单位	责任人
重大风险	公司级	公司	公司领导层
较大风险	部门级	××部门	部门负责人（正副职）
一般风险	车间级	××车间	车间负责人（正副职）
低风险	班组级	××班组	班组长（正副职及组员）

3. 原始风险如何判定？

一般采用直接判定法来直接判定风险评价单元的原始风险：结合风险评价单元的固有危险性大小，直接判定其原始风险等级。判定准则可参考如下标准：

（1）以下评价单元的风险直接判定为重大风险：

1）构成一、二级危险化学品重大危险源的生产、储存单元。

2）同一作业单元内操作人员（仅指正常操作人员，不含检修作业人员）在10人及以上，且具有火灾、爆炸、有毒危险介质的厂房。

3）企业或同行业5年内曾经发生过死亡事故的单元。

（2）以下评价单元的风险直接判定为较大风险：

1）构成三、四级危险化学品重大危险源的生产、储存单元。

2）涉及重点监管危险化工工艺的生产单元。

3）同一区域内当班岗位操作人员（仅指正常操作人员，不含检修作业人员）在5~9人，且具有火灾、爆炸、有毒危险介质的单元。

4）相对独立的具有易燃、易爆、有毒性质的危险化学品的装卸区。

5）企业或同行业5年内曾经发生过重伤、职业病、较大及以上非死亡事故的单元。

（3）以下评价单元的风险直接判定为一般风险：

1）其他生产、使用、储存危险化学品的生产、储存单元。

2）一旦失电将造成公司生产系统全部或局部停车，引起事故风险的变配电站。

（4）以下评价单元的风险直接判定为低风险：企业厂区范围内除上述区域以外的其他与生产有关的单元，如控制楼、循环水泵房、消防泵房、消防水池、冷冻站、空压站、办公楼、职工餐厅等。

4. 原始风险如何管控？

原始风险关注的是风险点的固有危险性。除了一些重大变更外，一般情况下，风险点的固有危险性是难以改变的。例如，某企业有一个甲醇罐区，设置有两台 10 000 m^3 的甲醇储罐，甲醇易燃、有毒的性质不会改变，甲醇储罐的容积不会改变，所以风险点的原始风险等级一般情况下不会变化，无法采取措施降低原始风险的等级。

对于原始风险，要采用日常运行控制的方式进行管控。日常运行控制就是在日常工作中，保证风险点的各种管控措施随时处于完好的状态。日常运行控制具体内容包括：对设备设施及安全附件、安全设施的定期检验、检查，管理制度、操作规程的及时更新及培训，人员防护，应急管理等。

各级原始风险的管控方式是相同的，但不同等级风险的管控人员及频次是不同的。根据企业的风险分级管控要求，由不同层级的人员采用不同的频次对不同等级的风险单元进行风险管控。将风险按照公司级、部门级、车间级、班组级 4 级管控，也是区分原始风险和现有风险的一种方式。

5. 原始风险如何公示？

一般情况下，企业原始风险公示的方式主要是绘制原始风险分布图和设置原始风险公示牌。

原始风险分布图分公司级、车间级两级，即在公司、车间总平面布置图上，将各单元按原始风险的等级标注相应的红、橙、黄、蓝 4 色。

原始风险公示牌设置在风险单元出入口外侧醒目位置，公示牌的内容主要有单元名称、风险种类（原始风险）和等级、潜在的事故、主要的风险管控措施、管控责任人、应急通信方式等。

6. 现有风险如何评价？

现有风险一般采用工作危害分析（JHA）和安全检查表（SCL），运用矩阵法（LS）或作业条件危险性分析法（LEC）进行评价。

（1）LS 法风险评价准则。LS 法风险评价准则一般称为风险评价矩阵。风险计算公式：

$$R=L\times S$$

式中 L——事件发生的可能性，取值可参考表 2-3；

S——事件后果严重程度，取值可参考表 2-4；

R——风险，取值可参考表 2-5。

表 2-3 事件发生的可能性（L）

分数	事件发生频率（F）		安全检查频率	操作规程执行情况	员工胜任程度（意识、技能、经验）
8	$F\geqslant1$	在生产过程中通常发生（至少每年发生）	从来没有检查	没有操作规程	不胜任（无任何培训，意识不够，缺乏经验）
7	$1>F\geqslant10^{-1}$	可能在装置的使用寿命中发生多次	一年检查一次	操作规程不全面	不能完全胜任
6	$10^{-1}>F\geqslant10^{-2}$	可能在装置的使用寿命中发生一次或者两次	偶尔检查	有，但不执行	一般胜任
5	$10^{-2}>F\geqslant10^{-3}$	类似的事件已经发生过，或者可能在 10 个类似装置的使用寿命中发生	月检	有，但偶尔执行	基本胜任
4	$10^{-3}>F\geqslant10^{-4}$	在企业内的某些地方曾经发生类似事件	半月检	有，只是部分执行	胜任，但偶然出差错
3	$10^{-4}>F\geqslant10^{-5}$	在行业内曾经发生类似事件	周检	有，偶尔不执行	胜任
2	$10^{-5}>F\geqslant10^{-6}$	类似的事件还没有在行业中发生	日检	有，全部执行	很好地胜任
1	$F<10^{-6}$	类似的事件还没有在行业中发生并且发生的可能性极小	每小时巡检	有，而且严格执行	高度胜任（培训充分，经验丰富，意识强）

表 2-4 事件后果严重程度（S）

严重性	健康和安全	社会影响	财务性影响
8	特别重大的灾难性安全事故，将导致企业界区内或界区外大量人员伤亡： ①界区内 30 人及以上死亡，100 人及以上重伤（包括急性工业中毒，下同） ②界区外 10 人及以上死亡，50 人及以上重伤	①引起国家领导人关注，或国务院、相关部委领导作出批示 ②导致吊销国内外主要市场的生产、销售或经营许可证 ③引起国内外主要市场上公众或投资人的强烈愤慨或谴责	事故直接经济损失达 1 亿元以上
7	非常重大的安全事故，将导致企业界区内或界区外多人伤亡： ①界区内 10 人及以上、30 人以下死亡，50 人及以上、100 人以下重伤 ②界区外 3~9 人死亡，10 人及以上、50 人以下重伤	①导致国家相关部门采取强制性措施 ②在全国范围内造成严重的社会影响 ③引起国内外媒体重点跟踪报道或系列报道	事故直接经济损失在 5 000 万元以上、1 亿元以下
6	严重的安全事故： ①界区内 3~9 人死亡，10 人及以上、50 人以下重伤 ②界区外 1~2 人死亡，3~9 人重伤	①引起国内外媒体长期负面报道 ②在省级范围内造成不利社会影响 ③导致省级政府相关部门采取强制性措施 ④导致失去当地市场的生产、经营和销售许可证	①事故直接经济损失在 1 000 万元以上、5 000 万元以下 ②发生失控的火灾或爆炸
5	较大的安全事故，导致人员死亡或重伤： ①界区内 1~2 人死亡，3~9 人重伤 ②界区外 1~2 人重伤	①导致地方政府相关监管部门采取强制性措施 ②引起国内外媒体的短期负面报道	①直接经济损失在 100 万元以上、1 000 万元以下 ②发生局部区域的火灾或爆炸
4	较大影响的健康/安全事故： ①3 人以上轻伤，1~2 人重伤 ②暴露超标，带来长期健康影响或造成职业相关的严重疾病	存在合规性问题，不会造成严重的安全后果或不会导致地方政府相关监管部门采取强制性措施	直接经济损失在 50 万元及以上、100 万元以下

续表

严重性	健康和安全	社会影响	财务性影响
3	中等影响的健康/安全事故： ①因事故伤害损失工作日 ②1~2 人轻伤	①引起当地媒体的长期报道 ②在当地造成不利的社会影响。对当地公共设施的日常运行造成严重干扰（如导致某道路较长时间无法正常通行） ③损害与重大利益相关方的关系	直接经济损失在 10 万元以上、50 万元以下
2	轻微影响的健康/安全事故： 医疗处理，但不需住院，不会因事故伤害损失工作日	①引起当地媒体的短期报道 ②对当地公共设施的日常运行造成干扰（如导致某道路在 24 小时内无法正常通行）	直接经济损失在 2 万元以上、10 万元以下
1	微小影响的健康/安全事故： ①急救处理（不用处方药，除预防性处方药外） ②短时间暴露超标，引起身体不适，但不会造成长期健康影响	引起周围社区少数居民短期内不满、抱怨或投诉（如抱怨设施噪声超标）	事故直接经济损失在 2 万元以下

注：此表还可以考虑企业生产装置运行影响，即是否会影响生产装置调整负荷、停车、停产等。

表 2-5　　风险评价矩阵

可能性	严重性							
	1	2	3	4	5	6	7	8
1	1	2	3	4	5	6	7	8
2	2	4	6	8	10	12	14	16
3	3	6	9	12	15	18	21	24
4	4	8	12	16	20	24	28	32
5	5	10	15	20	25	30	35	40
6	6	12	18	24	30	36	42	48
7	7	14	21	28	35	42	49	56
8	8	16	24	32	40	48	56	64

（2）LEC 法风险评价准则。LEC 法称作业条件危险性评价法，也是一种常用的风险评价方法。风险计算公式：

$$D=L\times E\times C$$

式中 L——事件发生的可能性，取值可参考表 2-6；

E——人员暴露在危险环境中的频繁程度，取值可参考表 2-7；

C——事件后果的严重程度，取值可参考表 2-8；

D——风险，风险分级可参考表 2-9。

表 2-6 事件发生的可能性（L）

分数值	事件发生的可能性
10	完全可以预料
6	相当可能
3	可能，但不经常
1	可能性小，完全意外
0.5	很不可能，可以设想
0.2	极不可能
0.1	实际不可能

表 2-7 人员暴露在危险环境中的频繁程度（E）

分数值	人员暴露在危险环境中的频繁程度
10	8 h 内连续暴露
6	8 h 内暴露 1~4 h
3	每周一次暴露（1~4 h）
2	每月一次暴露（1~4 h）
1	每年几次暴露（1~4 h）
0.5	非常罕见暴露

表 2-8 事件后果的严重程度（C）

分数值	事件后果的严重程度
100	10 人及以上死亡
40	3~9 人死亡
15	1~2 人死亡
7	严重
3	重大，造成人员伤残
1	引人注意

表 2-9　风险分级（*D*）

D 值	风险等级
>320	重大风险
160~320	较大风险
70~160	一般风险
<70	低风险

7. 现有风险如何管控?

不同等级的现有风险，其管控方式不同。现有风险中的重大、较大风险一般称为不可接受风险。对于重大风险，应立停止作业或采取措施（即隐患治理措施）降低风险。对于较大风险，原则上应立即采取措施降低风险，如果条件不具备，可以限期进行整改。对于一般风险，应尽可能降低风险，如果具备条件，可以从管理和工程技术等方面采取新的措施。对于低风险，可以维持现状。现有风险管控要求见表 2-10。

表 2-10　现有风险管控要求

等级		应采取的行动/控制措施
Ⅰ级	重大风险	停止作业或生产，立即采取措施降低风险
Ⅱ级	较大风险	立即采取措施降低风险，或建立运行控制程序或方案，定期检查、评估，待具备条件时（3~6 个月）采取措施降低风险
Ⅲ级	一般风险	每年评审、修订管理制度、操作规程及应急预案，尽可能采取改进措施
Ⅳ级	低风险	考虑是否需要补充建立操作规程、作业指导书，或无须采用新的控制措施

对于现有风险中的重大、较大风险，应采取措施以消减风险。风险消减措施应从措施的可行性、安全性和可靠性方面进行考虑。可行性主要是从措施的实施成本、周期、是否需要停车处理等方面做出全面的判断；安全性主要是从措施的制定是否能提高风险点的安全性能，或者是否会对原有其他设备设施带来不利影响等；可靠性主要是考虑措施实施后，能否从根本上把风险降低到可接受的程度。

8. 现有风险如何公示?

目前，大部分企业对于现有风险不进行公示，也有部分企业对现有风险采用风险分布图的形式进行公示：在公司、车间总平面布置图上，将各单元按现有风险的等级标注相应的颜色，企业各单元的现有风险一般为一般风险和低风险，体现在风险分布图中只有黄、蓝两色。也有部分企业将红、橙、黄、蓝4色原始风险分布图和黄、蓝两色现有风险分布图在一起对比公示，能清楚地展示企业原始风险及现有风险情况，效果非常好。

三、隐患排查治理

1. 隐患排查有哪些形式，主要排查内容分别是什么？

《危险化学品企业安全风险隐患排查治理导则》明确了隐患排查的形式和内容。

安全风险隐患排查形式包括日常排查、综合性排查、专业性排查、季节性排查、重点时段及节假日前排查、事故类比排查、复产复工前排查、外聘专家排查以及其他排查等。

（1）日常排查是指企业班组、岗位操作人员的交接班检查和班中巡回检查，以及车间管理人员和各专业技术人员的日常性检查。日常排查应重点对关键装置、重点部位、重大危险源进行检查和巡查。

（2）综合性排查是指以全员安全生产责任制的落实情况、各专业管理制度的执行情况以及化工过程安全管理各要素的实际运行情况为重点开展的全面检查。综合性排查内容应包括基础性管理排查内容和生产现场排查内容。综合性排查分为公司级综合性排查和车间级综合性排查。

（3）专业性排查是指安全基础管理、设计与总图、试生产、重大危险源、装置运行、设备、电气、仪表、应急与消防等专业对生产系统进行的排查。

（4）季节性排查是指根据各季节特点开展的专项检查。春季排查以防雷、防静电、防解冻泄漏、防解冻坍塌为重点，夏季排查以防雷暴、防设备容器超温超压、防台风、防汛防洪、防暑降温为重点，秋季排查以防雷暴、防火、防静电、防凝保温为重点，冬季排查以防火、防爆、防雪、防冻防凝、防滑、防静电为重点。

（5）重点时段及节假日前排查是指在重大活动、重点时段和节假日前，对节假日期间领导干部带班值班安排、装置生产是否存在异常状况和事故隐患、备用设备状态、备品备件、生产及应急物资储备、机电仪保运及紧急抢修力量安排、安全保卫、应急、消防等方面的准备工作进行的排查。

（6）事故类比排查是指本企业或同类企业发生安全事故后举一反三的安全检查。

（7）复产复工前排查是指因节假日、设备大检修等原因生产装置停产较长时间，在重新恢复生产前，对生产工艺、设备设施等进行的综合性隐患排查。

（8）外聘专家排查是指聘请外部专家对企业进行的安全检查。

2. 隐患排查的频次是如何要求的？

根据《危险化学品企业安全风险隐患排查治理导则》要求，各种隐患排查的频次如下：

（1）日常排查：基层车间操作人员班中巡回检查间隔应不大于 2 h，涉及“两重点一重大”的生产、储存装置和场所的操作人员班中巡回检查间隔应不大于 1 h；基层车间工艺、设备、电气、仪表、安全等专业技术人员的日常性检查每天应至少进行 2 次。

（2）综合性排查：公司级综合性排查应由企业主要负责人或分管负责人组织，企业主要负责人及与生产有直接关系的分管负责人、有关专业管理部门的管理技术人员参加，每季度应不少于 1 次；车间级综合性排查应由车间负责人或分管负责人组织，车间负责人、分管负责人及有关专业技术人员、班组长参加，每月应不少于 1 次。

（3）专业性排查：公司级专业性排查应由企业分管负责人或专业管理部门组织，企业分管负责人、专业管理部门专业技术人员参加，有关车间的专业技术人员也可以参加，每季度应不少于 1 次。专业性排查可以和综合性排查联合进行。

（4）季节性排查应在每季节更替前进行。

（5）重点时段及节假日前排查应在重点时段和节假日开始前一周进行。

（6）事故类比排查应在获悉相关事故信息后及时进行。

（7）复工复产前排查应在复工复产开始前一周内进行。

（8）季节性、重点时段及节假日前、事故类比、复工复产前等排查应由企业相关专业管理部门和车间分别组织开展公司级和车间级排查，或由专业管理部门与车间共同组织联合排查。

（9）对于小微企业，可结合企业的实际情况将公司级、车间级综合性、专业性、季节性、重点时段及节假日前、事故类比、复工复产前等有关排查合并开展。

（10）对于企业暂时停产、报废待拆除等生产装置，企业可结合实际情况，开展有针对性的隐患排查。

（11）企业对涉及“两重点一重大”的生产装置、储存设施运用 HAZOP（危险与可操作性分析）方法进行安全风险辨识分析，一般每 3 年开展一次；对涉及“两重点一重大”和首次工业化设计的建设项目，应在基础设计阶段开展 HAZOP 分析工作。

3. 如何编制隐患排查表、隐患排查计划？

企业应编制各类隐患排查表。隐患排查表应包括检查项目、检查内容、检查标准或依据、检查结果等内容，还应明确编制人、审核人、批准人。企业应每年评审、修订各类隐患排查表，并在实际应用中不断完善。

对于专业性隐患排查表内容，企业可参考《危险化学品企业安全风险隐患排查治理导则》中各专业性隐患排查表的内容，结合企业的实际情况进行适当的修改和调整。对于其他类型的隐患排查表，企业应结合隐患排查的形式和内容及企业实际情况进行编制。

企业应由专业管理部门和基层车间分别制订本专业或本单位的隐患排查计划，计划中应明确各种隐患排查的目的、要求、内容和负责人。

企业应按计划开展隐患排查工作，并填写相关隐患排查表。

4. 重大事故隐患如何界定？

企业可依据《国家安全监管总局关于印发〈化工和危险化学品生产经营单位重大生产安全事故隐患判定标准（试行）〉和〈烟花爆竹生产经营单位重大生产安全事故隐患判定标准（试行）〉的通知》（安监总管三〔2017〕121 号）来

判定各类排查发现的隐患是否构成了重大事故隐患。《化工和危险化学品生产经营单位重大生产安全事故隐患判定标准（试行）》规定，依据有关法律法规、部门规章和国家标准，以下情形应当判定为重大事故隐患：

（1）危险化学品生产、经营单位主要负责人和安全生产管理人员未依法经考核合格。

（2）特种作业人员未持证上岗。

（3）涉及“两重点一重大”的生产装置、储存设施外部安全防护距离不符合国家标准要求。

（4）涉及重点监管危险化工工艺的装置未实现自动化控制，系统未实现紧急停车功能，装备的自动化控制系统、紧急停车系统未投入使用。

（5）构成一级、二级重大危险源的危险化学品罐区未实现紧急切断功能，涉及毒性气体、液化气体、剧毒液体的一级、二级重大危险源的危险化学品罐区未配备独立的安全仪表系统。

（6）全压力式液化烃储罐未按国家标准设置注水措施。

（7）液化烃、液氨、液氯等易燃易爆、有毒有害液化气体的充装未使用万向管道充装系统。

（8）光气、氯气等剧毒气体及硫化氢气体管道穿越除厂区（包括化工园区、工业园区）外的公共区域。

（9）地区架空电力线路穿越生产区且不符合国家标准要求。

（10）在役化工装置未经正规设计且未进行安全设计诊断。

（11）使用淘汰落后安全技术工艺、设备目录列出的工艺、设备。

（12）涉及可燃和有毒有害气体泄漏的场所未按国家标准设置检测报警装置，爆炸危险场所未按国家标准安装使用防爆电气设备。

（13）控制室或机柜间面向具有火灾、爆炸危险性装置一侧不满足国家标准关于防火防爆的要求。

（14）化工生产装置未按国家标准要求设置双重电源供电，自动化控制系统未设置不间断电源。

（15）安全阀、爆破片等安全附件未正常投用。

（16）未建立与岗位相匹配的全员安全生产责任制或者未制定实施生产安全事故隐患排查治理制度。

（17）未制定操作规程和工艺控制指标。

（18）未按照国家标准制定动火、进入受限空间等特殊作业管理制度，或者制度未有效执行。

（19）新开发的危险化学品生产工艺未经小试、中试、工业化试验直接进行工业化生产，国内首次使用的化工工艺未经过省级人民政府有关部门组织的安全可靠性论证，新建装置未制定试生产方案投料开车，精细化工企业未按规范性文件要求开展反应安全风险评估。

（20）未按国家标准分区分类储存危险化学品，超量、超品种储存危险化学品，相互禁配物质混放混存。

上述20种情形即重大事故隐患，企业应高度关注。企业可以制定严于以上要求的内部重大事故隐患判定标准。

5. 重大事故隐患如何治理？

（1）对于重大事故隐患，企业主要负责人应组织制定并实施事故隐患治理方案。重大事故隐患治理方案应当包括以下内容：

1）治理的目标和任务。

2）采取的方法和措施。

3）经费和物资的落实。

4）负责治理的机构和人员。

5）治理的时限和要求。

6）安全措施和应急预案。

（2）对于重大事故隐患，企业应当及时向应急管理部门和有关部门报告。重大事故隐患报告应当至少包括以下内容：

1）隐患的现状及其产生原因。

2）隐患的危害程度和整改难易程度分析。

3）隐患的治理方案。

企业应建立重大事故隐患台账，登记重大隐患排查治理情况。

(3) 根据《危险化学品企业安全风险隐患排查治理导则》要求，对于不能立即完成整改的隐患，应进行安全风险分析，并应从工程控制、安全管理、个体防护、应急处置及培训教育等方面采取有效的管控措施，防止安全事故的发生。

6. 隐患如何才能得以有效治理?

对于一般隐患中整改难度大、整改施工期长、整改过程涉及多个单位的隐患，应参照重大隐患的治理制定相应的整改方案。

部分企业在隐患排查治理中存在相同的、雷同的隐患在同一单元或多个单元多次、重复出现的现象。原因在于企业的隐患治理只是简单地实现了“点对点”整改，而没有实现系统性整改、从根源整改、“举一反三”以点带面的整改。

公司级隐患排查组织部门应将隐患整改通知发至专业管理部门，而不是直接发至隐患所在的基层车间。由专业管理部门从根源上分析隐患产生的原因：是个例问题还是普遍性问题？如果是普遍性问题，相关法规、标准、规范是否有相关规定？是否编制了相关制度？制度内容是否全面、具体？是否对制度进行了宣贯？基层单位是否严格执行？专业管理部门是否进行了监督检查和考核？由专业管理部门组织修改有关管理制度，组织各车间进行全面举一反三排查与整改。例如，对于动火作业过程中的问题，安全生产管理机构组织全面整改；对于安全阀的问题，设备部组织全面整改；对于可燃有毒气体检测报警器的问题，电气仪表部门组织全面整改等。

四、双重预防机制数字化建设

1. 什么是双重预防机制数字化建设?

2022 年 3 月，应急管理部发布了《关于印发〈危险化学品企业双重预防机制数字化建设工作指南（试行）〉的通知》，明确了双重预防机制数字化建设的定义。双重预防机制数字化建设即危险化学品企业在开展好安全风险分级管控和隐患排查治理双重预防机制的基础上，建立线上线下融合的双重预防机制信息化系统，对风险单元运用隐患排查治理的信息化系统进行风险管控，并实现政府各级部门与企业之间数据互联互通、信息实时共享。

2. 为什么要开展双重预防机制数字化建设?

双重预防机制数字化建设工作最突出的优势：有效简化企业对各风险点管控措施的管控方式，重点管控风险单元尤其是重大危险源单元的主要管控措施，以实现“管控大风险、杜绝大事故”的目标。在近几年的双重预防机制建设中，部分企业人为地将双重预防机制工作复杂化、烦琐化，对所有作业活动、所有设备设施的管控措施进行频繁排查，使企业陷于大量的无实际意义的风险点隐患排查中。数字化建设工作将对作业活动、设备设施的管控改为对风险单元的管控，可大大简化企业工作程序，减少企业工作量，使企业将有限的精力用到“刀刃”上。

3. 常规双重预防机制与双重预防机制数字化建设之间是什么关系?

常规双重预防机制与双重预防机制数字化建设工作思路是一脉相承的。企业应先把常规双重预防机制工作做好，明确各风险单元重点管控的安全风险事件及风险管控措施，运用信息化系统实现对风险单元管控措施的隐患排查，以保证风险单元的风险处于可控或可接受的范围内。常规双重预防机制在前，双重预防机制数字化建设工作在后；没有常规双重预防机制的结果，就无法开展双重预防机制数字化建设工作。双重预防机制数字化建设工作以常规双重预防机制建设为基础，是常规双重预防机制建设工作的信息化延伸。

4. 如何开展双重预防机制数字化建设?

（1）建立工作推进机制

1）成立领导机构。企业应建立双重预防机制建设领导机构，主要负责人任组长，成员应包括分管负责人及各部门（车间）负责人、技术骨干，并明确各自职责，全面推进双重预防机制建设和运行工作。

2）编制实施方案。企业应制定全员参与的双重预防机制建设实施方案，明确工作目标、任务、实施步骤、责任主体、完成时限等。

3）开展全员培训。企业应将双重预防机制内容纳入企业安全生产教育和培训计划，开展全员培训，明确培训学时、培训内容、参加人员、考核方式等，主要培训双重预防机制建设的思路、安全风险分析及隐患排查清单编制流程、信息化系统操作使用等内容。

4）完善管理制度。企业应结合双重预防机制建设相关要求，制修订安全生产责任制、安全风险分级管控、隐患排查治理、培训教育、奖惩管理等相关管理制度。制度文件应符合企业实际，具有可操作性，并有效执行。

（2）风险分级管控

1）划分安全风险分析单元。按照“功能独立、大小适中、易于管理”的原则，选取所有生产装置、储存设施或场所作为安全风险分析对象。按照《危险化学品重大危险源辨识》（GB 18218—2018）规定，构成重大危险源的应独立作为安全风险分析对象。

2）辨识评估安全风险。企业应组织各相关部门、专业、岗位人员，应用SCL、JHA、HAZOP等方法对安全风险分析单元进行安全风险辨识，评估可能造成爆炸、火灾、中毒、窒息等严重后果的事件作为重点管控的安全风险事件。

3）制定管控措施。针对安全风险事件，企业应从工程技术、维护保养、人员操作、应急措施等方面评估现有管控措施的有效性。其中，工程技术类管控措施主要针对关键设备部件、安全附件、工艺控制、安全仪表等方面，维护保养类管控措施主要保障动设备和静设备正常运行，人员操作类管控措施主要包括人员资质、操作规程、工艺指标等内容，应急措施类管控措施主要包括应急设施、个体防护、消防设施、应急预案等内容。

4）实施分级管控。企业应将安全风险事件对应的管控措施按照分级管控原则分解到公司、部门、车间、班组等各个层级，确保安全风险管控措施有效实施。上一级负责管控的措施，责任相关的下一级必须同时负责管控，并逐级落实。

5）编制安全风险清单及隐患排查清单，以便数据信息化录入。

（3）隐患排查治理

1）明确隐患排查任务。企业应将安全风险管控措施作为隐患排查任务，明确隐患排查责任人、频次等。隐患排查任务应涵盖全员、责任清晰、周期明确，且与日常巡检等计划性内容相融合。

2）开展隐患排查。企业应根据隐患排查任务，按期开展隐患排查。隐患排查应涵盖原有日常巡检的工作，确保管控措施落实。

3）实施隐患治理。排查发现的隐患，能立即整改的必须立即整改，无法立即整改的应制订隐患治理计划，做到整改措施、责任、资金、时限和预案“五到位”，确保按时整改。整改完成后要组织对隐患治理效果进行验收，完成隐患闭环管理。

（4）建立信息化系统。企业应开发或改造双重预防机制信息化系统，包含电脑管理端和移动APP（应用程序）端。电脑管理端具备动态监控安全风险管控措施落实、隐患排查任务推送、隐患排查治理情况跟踪监督、机制运行效果评估、异常状态自动预警及考核奖惩等功能，移动APP端具备隐患排查任务和预警信息接收、现场隐患排查情况实时上报、隐患治理全程跟踪等功能。对于尚未建设信息化系统的企业，可自主开发双重预防机制信息化系统，也可部署应急管理部门建设的系统；对于已经自建信息化系统的企业，可对现有系统进行改造，实现相关功能，与政府端数据互联互通，避免重复建设。企业双重预防机制信息化系统应预留数据接口，具备与其他信息化系统有机融合和与政府系统实现数据互联互通功能，应利用移动化、信息化手段开展隐患排查。有条件的企业可拓展融合视频智能分析、特殊作业电子作业票等其他“工业互联网+危化安全生产”典型应用场景功能，提高双重预防机制数字化建设运行效果。

思考题

1. 安全生产分管负责人如何组织或参与双重预防机制建设工作？

2. 安全生产分管负责人应如何应用危险源辨识、风险评价方法开展风险管理？

3. 安全生产分管负责人如何在做好常规双重预防机制的基础上，推进双重预防机制数字化建设？

第九节 “两重点一重大”安全管理

一、“两重点一重大”的安全风险特点

“两重点一重大”的安全风险特点主要有哪些？

“两重点一重大”是指国家相关文件明确的重点监管的危险化工工艺、重点监管的危险化学品和危险化学品重大危险源。

“两重点一重大”的安全风险特点主要如下：

（1）物料危险性。重点监管的危险化学品大多属于活性较强、具有较强易燃易爆性和较强毒性的危险化学品。例如，氯、硫化氢属于剧毒气体，天然气、氢气属于极易燃气体，硝酸铵易发生爆炸，这些危险化学品一旦因泄漏引发事故，往往后果较为严重。原国家安全生产监督管理总局分两批将 74 种危险化学品列入重点监管的范围。

重大危险源具有危险化学品储量大、能量集中的特点，一旦发生事故，会造成大量物料泄漏，后果往往比较严重。对于盛装液化气体的压力容器，可能因受热或超压引发容器爆炸事故，并造成沸腾液体扩展蒸气爆炸（BLEVE），甚至还会因多米诺效应引发二次事故，扩大事故后果。

（2）生产过程危险性。重点监管的危险化工工艺大多属于放热反应，需要及时将放出的热量从系统中移出，否则会造成反应体系温度升高。尤其是涉及重点监管的危险化工工艺的精细化工装置，在反应失控后可能引发二次反应，使物料分解加剧，有可能引发爆炸事故。石化装置高压、高温、低温等操作条件，增加了工艺运行过程的风险。例如，体积分数为 99.99%的乙烯气体需要在 294 MPa

压力下聚合制取低密度聚乙烯树脂。

（3）设备设施的危险性。涉及“两重点一重大”的生产工艺大多在高温、高压或低温状态下进行，对设备的选材及耐用环境都提出了严格的要求。设备材质选型不当、设备运行中振动、压力波动造成的疲劳，容易使设备强度下降而造成破裂，引发物料泄漏，进而发生火灾或爆炸事故。同时，物料中含有的一些杂质还会对设备管道造成腐蚀和磨损，如含硫物料造成的硫化氢腐蚀、涉氢或临氢环境造成的“氢脆”腐蚀等，这些因素都会影响设备的安全运行。

二、“两重点一重大”的安全管理要求

1.《危险化学品重大危险源监督管理暂行规定》对重大危险源的安全管理要求主要有哪些？

（1）危险化学品企业应当对本企业的危险化学品生产、经营、储存和使用装置、设施或者场所进行重大危险源辨识，并记录辨识过程与结果。

（2）危险化学品企业应当建立完善重大危险源安全管理规章制度和安全操作规程，并采取有效措施保证其得到执行。

（3）危险化学品企业应当按照国家有关规定，定期对重大危险源的安全设施和安全监测监控系统进行检测、检验，并进行经常性维护、保养，保证重大危险源的安全设施和安全监测监控系统有效、可靠运行。

（4）危险化学品企业应当明确重大危险源中关键装置、重点部位的责任人或者责任机构，并对重大危险源的安全生产状况进行定期检查，及时采取措施消除事故隐患。

（5）危险化学品企业应当对重大危险源的管理和操作岗位人员进行安全操作技能培训，使其了解重大危险源的危险特性，熟悉重大危险源安全管理规章制度和安全操作规程，掌握本岗位的安全操作技能和应急措施。

（6）危险化学品企业应当在重大危险源所在场所设置明显的安全警示标志，写明紧急情况下的应急处置办法。

（7）危险化学品企业应当将重大危险源可能发生的事故后果和应急措施等信

息，以适当方式告知可能受影响的单位、区域及人员。

（8）危险化学品企业应当依法制定重大危险源事故应急救援预案，建立应急救援组织或者配备应急救援人员，配备必要的防护装备及应急救援器材、设备、物资，并保障其完好和方便使用。

（9）危险化学品企业应当制订重大危险源事故应急救援预案演练计划，并按照下列要求进行事故应急救援预案演练：对重大危险源专项应急救援预案，每年至少进行一次；对重大危险源现场处置方案，每半年至少进行一次。

2.《危险化学品企业重大危险源安全包保责任制办法（试行）》对重大危险源的管理要求主要有哪些?

（1）危险化学品企业应当明确本企业每一处重大危险源的主要负责人、技术负责人和操作负责人，从总体管理、技术管理、操作管理3个层面对重大危险源实行安全包保。

（2）危险化学品企业应当在重大危险源安全警示标志位置设立公示牌，写明重大危险源的主要负责人、技术负责人、操作负责人姓名、对应的安全包保责任及联系方式，接受从业人员监督。

（3）危险化学品企业应当按照《应急管理部关于全面实施危险化学品企业安全风险研判与承诺公告制度的通知》（应急〔2018〕74号）有关要求，向社会承诺公告重大危险源安全风险管控情况，在安全承诺公告牌企业承诺内容中增加落实重大危险源安全包保责任的相关内容。

（4）危险化学品企业应当建立重大危险源主要负责人、技术负责人、操作负责人的安全包保履职记录，做到可查询、可追溯。

（5）危险化学品企业应当对重大危险源主要负责人、技术负责人、操作负责人的履职情况进行评估，纳入企业安全生产责任制考核与绩效管理。

3. 国家政策性文件对重点监管的危险化工工艺的安全管理要求主要有哪些?

（1）《国家安全监管总局关于公布首批重点监管的危险化工工艺目录的通知》（安监总管三〔2009〕116号）和《国家安全监管总局关于公布第二批重点

监管危险化工工艺目录和调整首批重点监管危险化工工艺中部分典型工艺的通知》（安监总管三〔2013〕3 号）中明确了 18 种重点监管的危险化工工艺，同时规定了各种工艺的安全控制要求。化工企业要按照重点监管的危险化工工艺安全控制要求、重点监控参数及推荐的控制方案要求，对照本企业采用的危险化工工艺及其特点，确定重点监控的工艺参数，装备和完善自动控制系统，大型和高度危险化工装置要按照推荐的控制方案装备紧急停车系统。

（2）《国家安全监管总局关于加强精细化工反应安全风险评估工作的指导意见》（安监总管三〔2017〕1 号）作出以下要求：

1）企业中涉及重点监管危险化工工艺和金属有机物合成反应（包括格氏反应）的间歇和半间歇反应，有以下情形之一的，要开展反应安全风险评估：

①国内首次使用的新工艺、新配方投入工业化生产的以及国外首次引进的新工艺且未进行过反应安全风险评估的。

②现有的工艺路线、工艺参数或装置能力发生变更，且没有反应安全风险评估报告的。

③因反应工艺问题，发生过生产安全事故的。

2）涉及的反应工艺危险度被确定为 2 级及以上的，要根据危险度等级和评估建议，设置相应的安全设施和安全仪表系统；反应工艺危险度被确定为 4 级及以上的，在全面开展过程危险分析（如危险与可操作性分析）基础上，通过风险分析（如保护层分析）确定安全仪表的安全完整性等级，并依据要求配置安全仪表系统；对于反应工艺危险度被确定为 5 级的，相关装置应设置在由防爆墙隔离的独立空间中，并设计超压泄爆设施，反应过程中操作人员不应进入隔离区域。

（3）《危险化学品生产建设项目安全风险防控指南（试行)》对“两重点一重大”作出以下管理要求：

1）新建危险化学品生产建设项目采用的生产工艺技术属于国内首次使用的化工工艺，应经过省级人民政府有关部门组织的安全可靠性论证。

2）涉及硝化、氯化、氟化、重氮化、过氧化工艺的精细化工生产建设项目应进行有关产品生产工艺全流程的反应安全风险评估，并对相关原料、中间产品、产品及副产物进行热稳定性测试和蒸馏、干燥、储存等单元操作的风险评估。涉及硝化、氯化、氟化、重氮化、过氧化等高危工艺装置的上下游配套装置应实现原料处理、反应工序、精馏精制和产品储存（包装）等全流程自动化。

3）建设项目应采用成熟可靠的化工工艺，严禁使用国家明令淘汰的落后工艺。

4）实验室技术首次工业化生产的，应在小试、中试、工业化试验基础上，经过工艺危险性分析方能开展工程设计。严禁未经许可便以工业化试验装置代替工业化生产装置运行。

5）引进国外成熟生产工艺在国内首次使用的建设项目，需技术转让方或开发方提供在国外已建装置的生产情况说明（包括原料路线、工艺路线、关键设备、安全运行状况等）。

6）应依据《国家安全监管总局关于公布首批重点监管的危险化工工艺目录的通知》（安监总管三〔2009〕116号）和《国家安全监管总局关于公布第二批重点监管危险化工工艺目录和调整首批重点监管危险化工工艺中部分典型工艺的通知》（安监总管三〔2013〕3号），落实重点监管危险化工工艺安全控制、重点监控参数及控制方案的有关设计要求。

（4）《特种作业人员安全技术培训考核管理规定》规定了从事危险化学品生产的特种作业人员应当具备高中或者相当于高中及以上文化程度。

4. 危险化学品企业关键装置、重点部位的风险管控措施主要有哪些？

危险化学品企业的关键装置、重点部位主要是指风险较大、能量较为集中、一旦发生事故后果较为严重或对其他装置影响较大的场所或系统以及那些在生产过程中起重要作用的关键设备所在区域，如构成重大危险源的油气罐区、氯乙烯罐区、液氨罐区、液氯仓库、硝酸铵仓库以及气柜区、压缩机厂房、加热炉、高压反应器和涉及危险化工工艺的生产装置等。

各企业应根据自身装置危险特点，确定企业的关键装置和重点部位，并采取措施加强风险管控。

（1）明确责任，完善制度。对涉及重大危险源场所及涉及重点监管危险化工工艺的生产装置，要制定专项管理制度，明确责任人，对重大危险源要明确包保责任人。对可能因出现异常导致恶性事故的装置要建立应急授权机制，处理突发事件。要建立责任考核制度，定期对关键装置、重点部位风险管控措施及责任人履职情况进行考核。

（2）实现本质安全。对于涉及“两重点一重大”的生产、储存装置和部位配置的设备及安全设施要严格按照设计要求落实“三同时”，配备安全仪表系统，实现参数监测和监控，并在项目建成后保证其投用率和完好率达到100%。

（3）做好维护保养。对于涉及“两重点一重大”的生产、储存装置和部位配置的设备及安全设施要定期进行维护保养。对压力容器、压力管道、安全阀等需定期检测检验的设备设施，要按要求进行检测检验。

（4）加强巡检。《危险化学品企业安全风险隐患排查治理导则》中明确规定，涉及“两重点一重大”的生产、储存装置和部位的操作人员现场巡检间隔不得大于1 h，基层车间（装置）直接管理人员（工艺、设备技术人员）及电气、仪表人员每天至少两次对装置现场进行相关专业检查。

（5）安全作业。在涉及“两重点一重大”的场所开展动火、液化烃倒罐、切水、装卸车等高风险作业，要严格按照作业制度，落实监护，安全作业。对流程切换、开停泵、收放料等常规作业活动，要严格按照操作规程，精心操作，杜绝违章现象，减少工艺的异常波动。

（6）防腐蚀、防泄漏。危险化学品泄漏极易导致事故发生。在生产过程中，要抓好设备设施的防腐蚀、防泄漏工作，定期对可能出现腐蚀减薄的部位进行测厚，做好设备完好性管理。

（7）做好应急管理。要对关键装置、重点部位可能造成的事故、险情后果进行风险预测，评估可能影响的范围，坚决杜绝风险外溢现象。要按照要求编制关键装置、重点部位的现场处置预案，配备应急器材，并保持应急设施的完好备用，尤其是要防止二次事故、极端天气可能造成的后果扩大现象，防患于未然。

思考题

1. 如何通过提升建设项目本质安全水平，防范重大危险源事故发生？
2. 如何抓好涉及危险化工工艺生产装置的安全运行？
3. 如何防止“两重点一重大”装置风险外溢？

第十节　作业安全

一、试生产与开停车管理

1. 试生产过程主要存在哪些风险？

化工建设项目（包括重大危险源新建、改建、扩建项目）试生产过程中可能出现设备、管道损坏风险，火灾、爆炸风险，机械伤害风险，灼伤、烫伤风险，触电风险，中毒、窒息风险，高处坠落及物体打击伤害风险等。一旦风险失控，可能造成财产损失和人员伤亡。

（1）设备、管道损坏风险。在试生产过程中，设备、管道损坏是最有可能发生的问题，主要原因有两个方面。一方面是生产装置本身存在设计缺陷，不满足生产运行要求，而未被发现；安装质量把关不严，试车调试过程不细致，达不到开车要求；潜在的隐患未能在验收中发现，在试生产时才反映出来。另一方面是试生产人员对生产装置和开车方案生疏，操作不熟练甚至出现误操作，导致设备损坏。一旦发生此类事故，轻则造成财产损失，影响试生产进度，重则造成人员伤亡。2015 年福建腾龙芳烃（漳州）有限公司“4・6”爆炸着火事故就是因焊接质量问题导致管道焊口断裂，物料泄漏引起着火爆炸。

（2）火灾、爆炸风险。在试生产过程中，操作人员违章操作，装置区防爆电气设备及照明设施未做好检查、维修导致防爆性能不满足要求，防雷、防静电设施不完好，未严格执行动火作业管理制度，压力容器、压力管道超温、超压运行等，均可能造成火灾、爆炸风险。

（3）机械伤害风险。试生产过程中存在大量的转动机械设备，转动机械设备的转动装置未安装防护栏、防护罩，未采取隔离措施，可能造成机械伤害风险。

（4）灼伤、烫伤风险。试生产过程中接触高、低压蒸气及高温物料、腐蚀性物料等，可能造成人员灼伤、烫伤风险。

（5）触电风险。试生产装置中电气设备较多，高、低压并存。绝缘不良，安全防护不全，电气设备检修时操作不当，电气及线路腐蚀损坏，露天电气设备、开关进水受潮，防护用品和工具质量有缺陷等原因均可能造成触电风险。

（6）中毒、窒息风险。试生产过程中可能存在二氧化碳、氮气等窒息性气体，设备和管道密封不严或发生泄漏会引起中毒、窒息。

（7）高处坠落及物体打击伤害风险。在试生产过程中，在高大设备上操作或巡回检查可能导致人员高处坠落伤害。物体打击伤害也是试生产中容易出现的风险。

（8）气密性试压时，设备、管道的试验压力一般都较高，如果出现安全阀和截止阀关闭、压力过大、管道焊接质量不达标等情况，物料易喷出伤人。

（9）新建项目可能会使用新工艺、新设备、新技术、新材料，在试生产期间，由于这些工艺、设备是第一次使用，可能存在工艺技术不成熟、设备性能不稳定、人员不会操作等问题，从而导致事故发生。尤其是涉及新开发的危险化工工艺，未开展反应风险评估即投入使用，风险极大。

（10）参与试生产的单位和人员众多，如果现场秩序混乱、管理界限不清，可能因职责不清造成“管理真空”，容易导致事故发生。

2. 如何管控化工装置试生产过程风险？

针对试生产环节存在的各种风险，应采取以下措施：

（1）明确各参建单位安全职责。要按照《国家安全监管总局关于加强化工过程安全管理的指导意见》（安监总管三〔2013〕88 号）规定，明确试生产安全管理范围，合理界定项目建设单位、总承包商、设计单位、监理单位、施工单位等相关方的安全管理范围与职责。对编制的总体试生产方案，要由设计、施工、监理单位进行审查；对采用专利技术的装置，还要经专利供应商现场人员书面确认。

（2）抓好施工期间的质量控制工作。建设单位要监督监理单位落实安全责任。对设备安装基础、设备对中、找正等环节质量进行抽查，对管线焊接质量进行检验，对涉及易燃、易爆、有毒介质的管道焊口应进行100%探伤。

（3）认真做好“三查四定”工作。要按照设计方案，组织人员开展好“三查四定”，限期完成。

（4）编制总体试生产方案。总体试生产方案是指导试生产工作的“纲”，是保证试生产工作顺利进行的指导性文件。根据《化学工业建设项目试车规范》（HG 20231—2014），总体试车方案的内容主要有建设项目工程概况，编制依据与原则，试车组织机构及职责分工，试车目的及应达到的标准，试车应具备的条件，试车程序，操作人员配备及培训，技术文件、规章制度和试车方案的准备，水、电、气、汽、原料、燃料和运输量等外部条件，总体试车计划时间表，试车物资供应计划，试车费用计划，试车的难点和对策，试车期间的环境保护措施，职业健康、安全和消防，事故应急响应和处理预案。

建设项目总体试生产方案应经专家审查后报当地应急管理部门备案。新建装置未制定试生产方案即投料开车被判定为重大事故隐患。

（5）做好投料前的各项准备工作。要按照《国家安全监管总局关于加强化工过程安全管理的指导意见》（安监总管三〔2013〕88号）规定，做好系统吹扫冲洗、气密试验、单机试车、联动试车等各环节的安全管理，对试车过程中发现的问题及时予以消除。企业要建立开停车安全条件检查确认制度和重要作业责任人签字确认制度。引进蒸汽、氮气及易燃易爆、腐蚀性介质前，要指定有经验的专业人员进行流程确认。

（6）做好操作人员的技能培训工作及技术资料的准备工作。要编制各装置人员培训计划，编制工艺、设备、仪表控制、电气、安全、公用工程等各方面的培训教材，采取多种形式开展对操作人员的技能培训，涉及重点监管危险化工工艺的操作人员应经培训取得上岗资格证书后方可操作。

（7）抓好试生产期间的安全保卫工作。试生产期间，要做好作业现场的安全保卫工作，无关人员严禁进入试车区域，严格控制试车区域人员数量。对于缺乏实际操作经验的装置，企业可聘请专家和具有相同装置管理、操作经验的工程技术人员组成“开车队”，协助、指导化工投料试车。

3. 开停车过程主要存在哪些风险？

化工装置开车一般是指除首次开车以外，其他的因各种原因停车后的再开车；停车指的是因各种原因需要进行的停车。

（1）开车过程风险

1）检修后的设备质量未经过检验，拆卸的法兰、阀门等如果未与管道恢复连接，且开车前检查不到位，投料后可能存在物料泄漏的风险。

2）被检修设备附属的管道、仪器仪表在设备检修时可能拆卸、移动，开车前如果确认不到位，存在因管道连接不牢、仪器仪表联锁系统未投用而降低安全性能的风险。

3）开车期间，系统由冷态变为热态，工况由静态变为动态，工艺控制容易出现波动，可能出现超温、超压、超液位现象；引入蒸汽时，可能因暖管不足造成“水击”现象，导致管道断裂。

4）紧急停车后，系统内积存的物料未能及时排空，物料性能发生变化，可能造成开车困难加大。

5）开车期间，物料退出顺序、速率发生变化造成工况不稳，前后工序运行工况不匹配，负荷起伏变化，容易出现险情。

6）锅炉、加热炉等引入燃气点火时，如果炉膛置换不合格，存在引发爆炸的风险。

（2）停车过程风险

1）在停车退料过程中容易出现物料泄漏风险。

2）停车期间，前后工序运行工况不匹配，负荷起伏变化，容易出现险情。

3）系统停车置换期间，如果氮气置换不合格，可能给后续检修带来风险。

4. 如何管控化工装置开停车过程风险？

（1）企业应按照《国家安全监管总局关于加强化工过程安全管理的指导意

见》（安监总管三〔2013〕88号）规定，编制工艺安全操作规程并严格执行。工艺安全操作规程的内容应至少包括开车、正常操作、临时操作、应急操作、正常停车和紧急停车的操作步骤与安全要求。

（2）准确识别生产装置运行中可能存在的风险，制定和完善应急预案，通过定期演练，提高人员的处置技能。

（3）对于不同要求的停车操作，应根据停车目的制定停车和工艺处置方案，实现稳步停车，并做好停车后的物料排放工作。

（4）对于大检修后或长期停车后的再开车，应组织开车程序交底，落实开车前安全检查确认制度和重要作业责任人签字确认制度。引进蒸汽、氮气及易燃易爆、腐蚀性介质前，要指定有经验的专业人员进行流程确认。

（5）组织好开、停车后的检查确认。开车基本正常后要进行全面检查确认。对于带料停车的装置，应持续监控各个设备设施内温度、压力、液位变化情况，尤其是对于需要连续搅拌的设备，应监控温升情况和搅拌器运行情况，对发现的异常情况及时进行处置。

二、危险作业管理

1. 哪些属于危险作业？

根据《危险化学品企业安全风险隐患排查治理导则》，危险作业是指操作过程安全风险较大，容易发生人身伤亡或设备损坏，安全事故后果严重，需要采取特别控制措施的作业。危险作业一般包括以下几种：

（1）《危险化学品企业特殊作业安全规范》（GB 30871—2022）规定的动火、进入受限空间、盲板抽堵、高处作业、吊装、临时用电、动土、断路等特殊作业。

（2）储罐切水、液化烃充装等危险性较大的作业。

（3）安全风险较大的设备检维修作业。

2. 如何管控危险作业安全风险？

对于特殊作业，应按照《危险化学品企业特殊作业安全规范》（GB 30871—2022）

的规定，落实风险识别、风险管控，落实作业票审批制度和监护人现场监护等措施，从系统隔离、气体分析、票证办理、人员监护、规范着装、提升工具可靠性等方面，强化作业前、作业中和作业后的安全风险管控。

（1）作业前，危险化学品企业应组织作业单位对作业现场和作业过程中可能存在的危险、有害因素进行辨识，开展作业危害分析，制定相应的安全风险管控措施。

（2）作业前，危险化学品企业应采取措施对拟作业的设备设施、管线进行处理，确保满足相应作业安全要求。

（3）作业前，危险化学品企业应对参加作业的人员进行安全措施交底，主要包括以下内容：

1）作业现场和作业过程中可能存在的危险、有害因素及采取的具体安全措施与应急措施。

2）会同作业单位组织作业人员到作业现场，了解和熟悉现场环境，进一步核实安全措施的可靠性，熟悉应急救援器材的位置及分布。

3）涉及断路、动土作业时，应对作业现场的地下隐蔽工程进行交底。

（4）作业前，危险化学品企业应组织作业单位对作业现场及作业涉及的设备、设施、工器具等进行检查，并使之符合如下要求：

1）作业现场消防通道、行车通道应保持畅通，影响作业安全的杂物应清理干净。

2）作业现场的梯子、栏杆、平台、箅子板、盖板等设施应完整、牢固，采用的临时设施应确保安全。

3）作业现场可能危及安全的坑、井、沟、孔洞等应采取有效防护措施，并设警示标志；需要检修的设备应可靠断电，在电源开关处加锁并加挂安全警示牌。

4）作业使用的劳动防护用品、消防器材、通信设备、照明设备等应完好。

5）作业时使用的脚手架、起重机械、电气焊（割）用具、手持电动工具等各种工器具应符合作业安全要求，超过安全电压的手持式、移动式电动工器具应逐个配置漏电保护器和电源开关。

6）腐蚀性介质的作业场所应在现场就近（30 m 内）配备人员应急用冲洗水源。

（5）作业前，危险化学品企业应组织办理作业审批手续，并由相关责任人签字审批。同一作业涉及两种或两种以上特殊作业时，应同时执行各自的作业要求，办理相应的作业审批手续。作业时，审批手续应齐全，安全措施应全部落实，作业环境应符合安全要求。

（6）同一作业区域应减少、控制多工种、多层次交叉作业，最大限度地避免交叉作业。交叉作业应由危险化学品企业指定专人统一协调管理，作业前要组织开展交叉作业风险辨识，采取可靠的保护措施，并保持作业之间信息畅通，确保作业安全。

（7）当生产装置或作业现场出现异常，可能危及作业人员安全时，作业人员应立即停止作业，迅速撤离，并及时通知相关单位及人员。

（8）特殊作业涉及的特种作业和特种设备作业人员应取得相应资格证书，持证上岗。界定为《职业禁忌证界定导则》（GBZ/T 260—2014）规定的职业禁忌证者不应参与相应作业。

（9）作业期间应设监护人。监护人应经专项培训考试合格，佩戴明显标识，持培训合格证上岗。

（10）作业审批人应在作业现场完成审批工作。

（11）作业完毕，应及时恢复作业时拆移的盖板、箅子板、扶手、栏杆、防护罩等安全设施的使用功能，恢复临时封闭的沟渠或地井，并清理作业现场，恢复原状。

（12）作业完毕，应及时进行验收确认。

（13）作业内容变更、作业范围扩大、作业地点转移或超过安全作业票有效期限时，应重新办理安全作业票。工艺条件、作业条件、作业方式或作业环境改变时，应重新进行作业危害分析，核对风险管控措施，重新办理安全作业票。

对于储罐切水、液化烃充装、倒罐等危险性较大的作业，应采取一人作业、一人监护的方式，严格执行操作规程，杜绝违章作业，落实监护人制度。

对于安全风险较大的设备检维修作业，应通过编制检修方案，落实作业人员安全职责并加强与工艺操作人员的配合，做好能量隔离，以确保作业安全。

三、承包商安全管理

1. 承包商作业主要存在哪些风险?

承包商作业过程中存在的风险主要包括人的风险、物的风险和管理上的风险。

（1）人的风险

1）部分承包商人员技能水平、安全意识参差不齐，容易造成事故。

2）部分承包商人员流动性高，新人多，技能差，加大作业过程的风险。

3）部分承包商人员年龄偏大，动作不灵活，存在紧急情况下应急处置技能不强、扩大险情的风险。

4）部分承包商人员不听从指挥，不服从管理，作业违章多，容易造成事故。

5）部分承包商人员对企业作业现场存在的危险、有害因素及应急设施不清楚、不熟悉，存在应急处置不力或人员疏散不及时，扩大事故后果的风险。

（2）物的风险

1）在火灾、爆炸危险场所作业使用非防爆工器具，存在发生火灾、爆炸事故风险。

2）承包商人员作业时使用的工器具、车辆较多，存在物体打击、机械伤害、车辆伤害、高处坠落、起重伤害等风险。

（3）管理上的风险

1）承包商现场作业人员少、任务重，可能出现与企业配合不力和监督不到位现象，容易造成事故。

2）部分承包商缺乏懂技术、会管理的安全管理人员，存在管理不到位的风险。

3）承包商无相关资质，缺少作业经验，盲目承揽、盲目指挥，容易引发事故。

4）部分承包商因抢工期、赶进度，忽视安全，违章作业，容易引发事故。

5）企业对承包商采取“以包代管”方式，放松对承包商的管理，存在监督管理不到位的风险。

6）承包商安全生产投入不足、人员培训不到位、工器具陈旧老化等带来作业风险。

2. 如何做好承包商安全管理？

企业应按照《国家安全监管总局关于加强化工过程安全管理的指导意见》（安监总管三〔2013〕88号）规定，做好承包商管理工作。

（1）企业选择承包商时，要严格审查承包商有关资质，严禁无相关资质、缺乏作业能力的承包商承揽指定的任务。

（2）要加强对承包商作业人员的入厂安全培训教育，经考核合格的方可凭证入厂，禁止未经安全培训教育的承包商作业人员入厂。企业要妥善保存承包商作业人员安全培训教育记录。

（3）企业要明晰承包商安全管理责任，与承包商签订安全管理协议，指定专人负责承包商的安全监督和协调、管理。

（4）审查承包商编制的施工方案和作业安全措施，做好安全交底。

（5）定期评估承包商安全业绩，及时淘汰业绩差的承包商。

3. 承包商资格审查主要包括哪些内容？

（1）承包商取得的资质、资格许可证。

（2）承包商安全业绩。

（3）承包商安全管理机构、主要负责人及安全管理人员的有关信息。

（4）特种作业人员操作证。

（5）承包商对作业人员的培训情况。

（6）承包商安全管理规章制度。

4. 企业对承包商开展入厂（场）安全培训主要包括哪些内容？

企业对承包商相关人员的入厂（场）安全培训应至少包括以下内容：

（1）企业安全生产规章制度。

（2）企业的安全、健康及环保要求。

（3）企业主要危险、有害因素。

（4）企业应急预案。

（5）作业许可管理要求。

（6）化工系统典型事故案例。

（7）车辆安全。

（8）门禁和保卫。

（9）法律法规要求的其他内容。

企业对承包商进入现场施工人员的安全培训应至少包括以下内容：

（1）工程概况、施工特点和安全管理要求。

（2）施工区域的危险作业项目、风险辨识及管控措施。

（3）施工现场的安全、健康及环保要求。

（4）施工现场的职业病危害因素、劳动防护用品的使用要求。

（5）施工现场的应急响应和处置。

四、变更管理

1. 变更管理的定义是什么？

化工企业变更是指企业内任何与化工过程相关的改造、停用、拆除或非同类替换的改变，以及对经过评审的管理方式和人员情况等进行的调整，包括企业在工艺、设备、仪表、电气、公用工程、备件、材料、化学品、生产组织方式和人员、组织机构等方面进行的改变。

化工企业的变更管理是指通过风险识别和分析，对变更进行有计划的风险控制和管理，从而避免由于变更对安全生产、职业健康和环境保护造成不利影响和带来安全风险。

2. 变更过程主要存在哪些风险？

变更使风险发生变化。例如，工艺变更造成生产工况发生变化，有可能使工艺控制难度增加或工况趋近危险状态，工艺参数稍有偏离即可能引发事故；设备变更可能造成设备寿命缩短、泄漏概率增加；操作人员的变更可能导致人员技能不足，造成安全操作的风险加大；管理上的变更可能导致管理职责不清，造成管理“真空”等。

对变更的风险评估一般从变更带来的潜在后果严重性和引发后果的可能性两个方面进行。

3. 如何做好变更管理？

根据《化工企业变更管理实施规范》（T/CCSAS 007—2020），企业应从以下几方面做好变更管理工作：

（1）建立健全变更管理制度，将所有工艺、设备、仪表、电气、公用工程、备件、材料、化学品、生产组织方式和人员、组织机构等方面发生的变化，纳入变更管理范畴。

（2）对企业发起的任何变更均应开展风险评估，包括变更实施过程中的风险和变更实施以后的风险。

（3）对经风险评估允许实施的变更，应将变更申请及风险评估材料逐级上报企业主管部门审核、批准。

（4）变更经批准后方可实施。实施过程中要严格落实风险控制措施，并对投用的变更进行验收。

（5）企业应建立变更管理台账，对变更进行记录，及时跟踪检查变更的实施过程，并组织变更相关的培训，确保相关人员了解、掌握变更内容。

思考题

1. 如何管控好承包商的作业风险？
2. 如何管控建设项目试生产和开停车过程中的风险？
3. 如何通过规范危险作业的安全管理，降低作业风险？

第三章 安全管理体系与安全文化

第一节　安全管理体系的建设及运行

一、企业安全管理体系概述

1. 企业各类安全管理体系有哪些?

国内化工企业在推行的安全管理体系主要如下:

(1) 安全生产标准化体系。相关依据标准有《企业安全生产标准化基本规范》(GB/T 33000—2016)、《危险化学品从业单位安全标准化通用规范》(AQ 3013—2008)、《国家安全监管总局关于印发危险化学品从业单位安全生产标准化评审标准的通知》(安监总管三〔2011〕93 号)。

(2) 化工过程安全管理体系。相关依据标准有《国家安全监管总局关于加强化工过程安全管理的指导意见》(安监总管三〔2013〕88 号)、《化工企业工艺安全管理实施导则》(AQ/T 3034—2010)。

(3) 职业健康安全管理体系。相关依据标准有《职业健康安全管理体系　要求及使用指南》(GB/T 45001—2020)。

(4) HSE(健康、安全、环境)管理体系。该体系是部分企业自行推行的涉及安全、职业健康、环保方面的管理体系,相关依据标准为各企业的有关体系标准。

（5）其他体系，如杜邦管理体系、壳牌管理体系等。

2. 如何正确处理企业各类安全管理体系之间的关系？

许多企业同时建立多个安全管理体系，如安全生产标准化体系、化工过程安全管理体系、职业健康安全管理体系、杜邦管理体系等。

在同一个企业内部同时运行多个管理体系是可以的、可行的。不同的管理体系有不同的侧重点，但各个管理体系的工作思路、方式方法是相通的，体系的总体框架也基本上类似。

企业应从体系文件着手，将各体系内容做到有机融合、整合。无论企业有多少管理体系，其相关的体系文件，包括管理手册、程序文件、作业文件（管理制度包含在程序文件、作业文件等中）等层级文件，务必只有一套，且内容上能充分做到各体系共用、通用。对于企业日常生产经营过程中的某些具体工作，比如安全生产法规标准的识别与获取、承包商管理、变更管理等，可能在多个管理体系中均会涉及，但企业只能有一个或一套有关的管理制度文件，切莫每个体系分别编制管理文件。各自为政的管理体系，不但不会改善企业管理，反而会使企业的管理更加混乱，导致企业的有关工作产生“两张皮”“多张皮”的现象。

二、企业安全生产标准化体系建设及运行

1. 有关法规标准对安全生产标准化建设的要求有哪些？

（1）《中华人民共和国安全生产法》第四条规定，生产经营单位必须遵守《中华人民共和国安全生产法》和其他有关安全生产的法律、法规，加强安全生产管理，建立健全全员安全生产责任制和安全生产规章制度，加大对安全生产资金、物资、技术、人员的投入保障力度，改善安全生产条件，加强安全生产标准化、信息化建设，构建安全风险分级管控和隐患排查治理双重预防机制，健全风险防范化解机制，提高安全生产水平，确保安全生产。第二十一条规定，生产经营单位的主要负责人对本单位安全生产工作负有建立健全并落实本单位全员安全生产责任制，加强安全生产标准化建设的职责。

（2）《企业安全生产标准化基本规范》（GB/T 33000—2016）规定了企业安

全生产标准化管理体系建立、保持与评定的原则和一般要求，以及目标职责、制度化管理、教育培训、现场管理、安全风险管控及隐患排查治理、应急管理、事故管理和持续改进8个要素的核心技术要求。该标准适用于工矿企业开展安全生产标准化建设工作，有关行业制修订安全生产标准化标准、评定标准，以及对标准化工作的咨询、服务、评审、科研、管理和规划等。该标准是指导各类企业开展安全生产标准化工作的总的纲领性文件。

（3）《危险化学品从业单位安全标准化通用规范》（AQ 3013—2008）规定了危险化学品企业开展安全生产标准化的总体原则、过程和要求。该标准适用于中华人民共和国境内危险化学品生产、使用、储存企业及有危险化学品储存设施的经营企业。该标准要求危险化学品企业应采用计划、实施、检查、改进动态循环（PDCA）、持续改进的管理模式运行安全生产标准化体系。安全生产标准化的建设，应当以危险、有害因素辨识和风险评价为基础，树立任何事故都是可以预防的理念，与企业其他方面的管理有机地结合起来，注重科学性、规范性和系统性。安全生产标准化的实施，应体现全员、全过程、全方位、全天候的安全监督管理原则，通过有效方式实现信息的交流和沟通，不断提高安全意识和安全管理水平。安全生产标准化采取企业自主管理、安全生产标准化考核机构考评、政府应急管理部门监督的管理模式，持续改进企业的安全绩效，实现安全生产长效机制。安全生产标准化的建立过程，包括初始评审、策划、培训、实施、自评、改进与提高6个阶段。标准共分10个管理要素，包括负责人与职责、风险管理、法律法规与管理制度、培训教育、生产设施及工艺安全、作业安全、产品安全与危害告知、职业危害、事故与应急、检查与自评。

（4）《国家安全监管总局关于印发危险化学品从业单位安全生产标准化评审标准的通知》（安监总管三〔2011〕93号）明确了申请安全生产标准化三级、二级、一级企业达标评审的条件、工作要求及危险化学品企业安全生产标准化评审标准。该评审标准在《危险化学品从业单位安全标准化通用规范》（AQ 3013—2008）的基础上，对部分要素内容进行了细化，形成了12个A级要素和56个B级要素。其中，A级要素包括法律、法规和标准，机构和职责，风险管理，管理制度，培训教育，生产设施及工艺安全，作业安全，职业健康，危险化学品管理，事故与应急，检查与自评，本地区的要求。

（5）《应急管理部关于印发〈企业安全生产标准化建设定级办法〉的通知》（应急〔2021〕83号）适用于全国化工（含石油化工）、医药、危险化学品、烟花爆竹、石油开采、冶金、有色、建材、机械、轻工、纺织、烟草、商贸等行业企业。文件明确了企业安全生产标准化等级由高到低分为一级、二级、三级。应急管理部为一级企业以及海洋石油全部等级企业的定级部门，省级和设区的市级人民政府应急管理部门分别为本行政区域内二级、三级企业的定级部门。企业安全生产标准化定级按照自评、申请、评审、公示、公告的程序进行。

2. 安全生产标准化体系要素有哪些?

危险化学品企业开展安全生产标准化体系建设的直接依据是《国家安全监管总局关于印发危险化学品从业单位安全生产标准化评审标准的通知》（安监总管三〔2011〕93号）。该文件包含12个A级要素和56个B级要素，具体内容详见表3-1。

表3-1 危险化学品企业安全生产标准化评审标准要素

A级要素	B级要素
法律、法规和标准	法律、法规和标准的识别和获取
	法律、法规和标准符合性评价
机构和职责	方针目标
	负责人
	职责
	组织机构
	安全生产投入
风险管理	范围与评价方法
	风险评价
	风险控制
	风险信息更新
	隐患排查与治理
	重大危险源
	变更
	供应商

续表

A 级要素	B 级要素
管理制度	安全生产规章制度
	操作规程
	修订
培训教育	培训教育管理
	从业人员岗位标准
	管理人员培训
	从业人员培训教育
	其他人员培训教育
	日常安全教育
生产设施及工艺安全	生产设施建设
	安全设施
	特种设备
	工艺安全
	关键装置及重点部位
	检维修
	拆除和报废
作业安全	作业许可
	警示标志
	作业环节
	承包商
职业健康	职业危害项目申报
	作业场所职业危害管理
	劳动防护用品
危险化学品管理	危险化学品档案
	化学品分类
	化学品安全技术说明书和安全标签
	化学事故应急咨询服务电话
	危险化学品登记
	危害告知
	储存和运输

续表

A 级要素	B 级要素
事故与应急	应急指挥与救援系统
	应急救援设施
	应急救援预案与演练
	抢险与救护
	事故报告
	事故调查
检查与自评	安全检查
	安全检查形式与内容
	整改
	自评
本地区的要求	—

评审标准中，还设置了 26 项 A 级要素否决项和 40 项 B 级要素否决项。

3. 企业如何创建安全生产标准化体系？

（1）发挥安全领导力作用。企业各级领导应高度重视安全生产标准化体系创建工作，充分发挥领导力作用，真正地参与到安全生产标准化体系创建工作中来，这是创建安全生产标准化体系的关键。企业主要负责人作为关键中的关键，更应重视、全力支持安全生产标准化体系创建工作。各级领导首先应学习标准化通用规范、评审标准等，掌握安全生产标准化体系的要素，明确各要素的主责单位及各要素管理员；要掌握各要素的主要内容、涉及的主要工作，并应积极地参与风险分级管控、隐患排查治理、培训教育、应急演练等具体工作。同时，企业各级领导要积极参与个人行动计划等活动，明确各自在安全生产标准化体系创建工作中的行动项并积极付诸实施。

（2）明确创建安全生产标准化体系的目的。企业创建安全生产标准化体系，首先要清楚创建的目的。是为了通过评审，拿到安全生产标准化等级证书，还是为了所谓的荣誉和业绩。如果企业确实是为了上述目的去创建安全生产标准化体系，那么企业安全生产标准化体系的创建过程会是异常艰难的。企业应清晰地认识到，创建安全生产标准化体系是为了切实提升企业的安全管理水平、人员业务素质，跟上安全管理的时代步伐，实现与时俱进，做行业的领航者，这样企业全员才会全身心地投入到安全生产标准化体系创建工作中。

（3）正确认识和理解创建工作。正确认识安全生产标准化体系，以防出现畏难情绪。安全生产标准化体系的创建过程，不是将企业原来的工作推倒重来，而是在原来工作的基础上，进行科学、规范的提升，不会给企业各部门、人员增加过多的工作，更不会有“额外”的工作。

（4）要真正实现“全专业”参与。企业主要负责人、各专业管理部门、各专业管理人员要充分认识到安全生产标准化体系创建不仅是安全管理部门、安全管理人员的工作，而且是整个企业的工作，是各专业管理部门、所有人员共同的工作。“安全管理”不再是狭义的“小安全”，而是“大安全”，涉及生产经营过程中的方方面面，如安全基础、工艺安全、设备安全、电气安全、仪表安全、储运安全、消防安全等。在安全生产标准化规范、评审标准中，法律、法规和标准及变更、承包商、风险管理、特种设备、工艺安全、检维修、拆除与报废、作业许可、安全检查等 10 余个安全生产标准化 B 级要素均涉及多个专业。

目前，部分企业在安全生产标准化体系创建过程中，除安全管理部门外，其他专业管理部门仍有参与度不高的现象，这非常不利于顺利创建安全生产标准化体系，是必须要改变的。企业各专业的分管领导首先要做好沟通与协作，切不可“各自为政”。各专业管理部门在安全管理部门的总体协调下，要有全局意识和“一盘棋”意识，按创建方案各司其职，团结一心，共同协作，方得始终。

（5）分清创建责任主体。为了创建安全生产标准化体系，企业可委托具有资质、能力过硬的技术服务机构来培植、辅导。技术服务机构只是为企业提供创建安全生产标准化体系的思路，具有检查、引导、指导的职责或作用，但绝对不能替代或帮助企业做任何具体的工作，更不能采取“保姆”式培植、“交钥匙”工程，那样会导致企业的管理水平得不到任何提升，只是得到一个没有任何实际意义的管理空壳。如果企业只是“配合”技术服务机构做好创建工作，那就颠倒了二者的责任主体。

（6）明确要素主责单位和要素管理员。安全生产标准化体系创建涉及企业各专业、各部门，企业要结合行政管理职责的分工及安全生产标准化各要素的管理内容，明确安全生产标准化中各 B 级要素的主责单位。要素的主责单位可能是安全管理部门，也可能是生产、设备、人力资源等各专业管理部门，其职责是负责整个企业与本要素有关的所有工作的总体策划、文件编修、执行情况的监督检查、考核，起到统筹、协调、指导、监督的作用。例如，企业涉及基建、设备检维修、物流、治安、保洁等多方面的承包商，其中设备检维修承包商最多，应由设备检维修承包商的对口管理部门设备部作为承包商要素的主责单位，来全面组织、协调整个企业的承包商管理，其他专业承包商的归口管理部门作为协助部门，全面配合设备部，规范做好承包商的管理。

在明确要素主责单位的基础上，还应明确要素管理员，即要素主责部门中负责管理相关要素的直接负责人，由要素管理员具体落实要素的管理工作。各部门、各车间要明确要素联系员，积极配合要素管理员开展创建工作。

（7）企业实现全面整改、系统提升。对于技术服务机构在安全生产标准化预评估、培植过程中提出的各类问题，企业切不可简单地“点对点”整改，要系统整改、从根源整改、实现“举一反三”以点带面的整改。

企业安全生产标准化体系创建主责单位要将问题整改通知发至专业管理部门或要素管理部门，而不是直接发至问题所在的基层车间，应由专业管理部门从根源上分析问题产生的原因，找到问题究竟出在哪一环节，并组织修改有关管理制度，组织各车间进行全面排查与整改。

如果只是针对问题所在基层车间进行整改，则很有可能只是把这个装置的问题整改了，而同一车间或者其他车间其他装置同样或类似的问题却没有整改，没有实现系统整改。

（8）企业要主动作为。在安全生产标准化体系创建过程中，企业各部门、各车间、各级人员要有积极主动的工作态度，主动学习并运用评审标准，不断对本部门、本岗位的工作进行对标自查，发现自身工作的问题与不足，及时咨询技术服务机构专家团队采取措施整改，这样才能更快更好地促进各专业管理水平的提高。如果只是一味地等技术服务机构的专家团队来提问题、被动地改问题，对于各要素的管理缺少自主系统性认识，管理水平也不会得到有效提升。

要想主动提问题，只有主观意愿是不够的。如果自身业务素质不够、知识储备不足，尽管想提问题，也不一定能提出问题。这就要求各专业的管理、技术人员要主动学习，掌握更多的知识，以便发现工作中的不足。首先要学习安全生产标准化基本规范、评审标准，其次是学习国家在安全生产方面的有关法律、法规和其他要求，最后是学习各专业的标准规范。

（9）避免创建工作形式化。在安全生产标准化体系创建过程中，不但要做到知其然，还要做到知其所以然。在对安全生产标准化基本规范、评审标准充分学习、理解的基础上，各要素管理员、要素联络员及其他人员应清楚地掌握评审标准各要素、具体条款为什么要这么要求，以及企业该如何做才能满足要求。明确了目的，才能结合企业实际情况，有针对性地改进、提升、完善有关工作。不能在没有“知其所以然”的情况下，单纯地为了满足评审标准的要求，机械教条地做一些形式化、表面化的工作。这样非但不会提升和完善原来的工作，反而会增加不必要的工作负担，影响企业的正常管理。明确目的后，过程管理要简单有效，在满足合规性的基础上，尽可能减少、简化管理制度和不必要的记录。

（10）实现体系融合。许多企业同时建立了质量、职业健康安全、环境保护、能源、HSE 等多种管理体系。在安全生产标准化体系创建过程中，务必要做到与其他体系的有机融合。

安全生产标准化体系的创建工作是一项系统性工程。企业应在技术服务机构的指导下，在创建工作策划之时，全面结合企业自身的实际情况，从以上 10 个方面，有针对性地制定建设方案，做好顶层设计，扎扎实实做好各要素的全面提升，才能保证后续工作顺利推进。

4. 企业安全生产标准化体系运行要重点关注哪些 A 级要素？

危险化学品企业安全生产标准化评审标准中 A 级要素的权重系数详见表 3-2。

表 3-2　　A 级要素的权重系数

序号	A 级要素	权重系数
1	法律、法规和标准	0.05
2	机构和职责	0.06
3	风险管理	0.12
4	管理制度	0.05

续表

序号	A 级要素	权重系数
5	培训教育	0.10
6	生产设施及工艺安全	0.20
7	作业安全	0.15
8	职业健康	0.05
9	危险化学品管理	0.05
10	事故与应急	0.06
11	检查与自评	0.06
12	本地区的要求	0.05

从表 3-2 中可以看出，权重系数大于等于 0.10 的 A 级要素共 4 个，分别为第 6 要素生产设施及工艺安全（权重系数为 0.20）、第 7 要素作业安全（权重系数为 0.15）、第 3 要素风险管理（权重系数为 0.12）、第 5 要素培训教育（权重系数为 0.10）。

第 6 要素生产设施及工艺安全所包含的专业最多，包括安全、工艺、设备、电气、仪表、总图与设计等专业，也是内容最多、最复杂的要素，包含生产设施建设、安全设施、特种设备、工艺安全、关键装置及重点部位、检维修、拆除和报废 7 个 B 级要素，涉及 7 项 A 级否决项、9 项 B 级否决项。同时，该要素在评审过程中最容易失分。

第 7 要素作业安全，包括作业许可、警示标志、作业环节、承包商 4 个 B 级要素。第 7 要素的重点内容为特殊作业的管理和承包商，是企业管理的难点和痛点。第 7 要素涉及 2 项 A 级否决项、1 项 B 级否决项。

第 3 要素风险管理，包括范围与评价方法、风险评价、风险控制、风险信息更新、隐患排查与治理、重大危险源、变更、供应商 8 个 B 级要素。其重点应关注的是风险管理、隐患排查与治理、重大危险源、变更，均是企业日常应重点关注的各专业工作。

第 5 要素培训教育，包括培训教育管理、从业人员岗位标准、管理人员培训、从业人员培训教育、其他人员培训教育、日常安全教育6个B级要素，涉及2项B级否决项。“培训不到位就是最大的隐患”，危险化学品企业应重视培训教育工作，从形式到内容上全面深入地开展培训教育工作。

5. 如何实现安全生产标准化体系持续改进？

（1）《应急管理部关于印发〈企业安全生产标准化建设定级办法〉的通知》（应急〔2021〕83号）明确了企业安全生产标准化定级按照自评、申请、评审、公示、公告的程序进行。其中，自评、评审是促进企业安全生产标准化体系持续改进的有效方式。

（2）《危险化学品从业单位安全生产标准化评审标准》第11要素为检查与自评。该标准对于安全生产标准化体系自评，提出了如下明确要求：建立安全生产标准化自评管理制度，明确自评时间和时机，制订自评计划，编制自评检查表，建立自评组织，每年至少进行一次安全生产标准化自评，编制自评报告，提出进一步完善的计划和措施，对自评有关资料存档管理。对于自评中发现的不符合项，企业应参照隐患治理的程序，积极采取措施进行整改。

6. 企业如何实施安全生产标准化体系自评？

（1）明确自评频次或时机。企业应每年至少进行一次安全生产标准化综合自评，一般在每年年末、年初实施。企业如果拟进行安全生产标准化定级，在外部评审前应组织实施一次安全生产标准化全面自评。

（2）制订自评计划。自评前，企业应编制自评计划、自评检查表。自评计划中应明确自评小组组成、自评范围、日程安排、评审要素分工等，自评计划由企业主要负责人批准。

（3）成立自评组织。企业应成立安全生产标准化自评小组，企业主要负责人任组长，分管副总任副组长。自评员由安全、生产、设备等部门的要素管理员担任，同时应由车间有关专业的技术人员、员工代表参加自评。

（4）开展自评

1）按自评计划，企业召开自评首次会，自评小组成员、各单位的主要负责人、安全管理人员参加，会上明确要素评审负责人、自评任务，提出自评要求。

2）自评员对照《危险化学品从业单位安全生产标准化评审标准》，通过面谈、提问、查阅文件、现场查看等方式开展自评，填写自评检查表。

3）自评员将自评结果报送自评组长，形成自评问题清单表及自评得分表。

4）召开自评末次会议，自评小组成员、各单位的主要负责人、安全管理人员参加，会上总结自评工作，提出自评发现的主要问题，形成自评结论。

5）自评结束后，由业务主管部门编制自评报告，报告中要统筹分析自评发现问题的原因，制订下一步完善工作计划和具体措施。自评报告由企业主要负责人批准。

6）自评后，业务主管部门对自评发现的问题，按隐患治理的程序组织整改，并对整改情况进行监督落实及跟踪验证。

7）由业务主管部门对自评全套资料（自评计划、自评检查表、自评得分表、自评问题清单、自评报告等）进行整理归档。

三、我国化工过程安全管理（PSM）体系

我国开展化工过程安全管理（PSM）应从哪些要素切入?

化工过程安全管理是指通过对化学品生产、储存、使用、处置、操作等活动过程涉及的工艺、设备、仪表、电气等系统进行管理和技术控制，从根本上管控风险、消除隐患，预防化学品泄漏或能量意外释放造成的安全事故。依据《化工过程安全管理导则》（AQ/T 3034—2022），化工过程安全管理涉及 20 个管理要求。

（1）安全领导力。企业主要负责人和管理人员对安全生产问题的认知、安全第一的信念、对化工过程安全管理的理解、企业安全生产体制机制和制度建设、人力资源保障、资金投入和考核奖惩等措施对实施化工过程安全管理至关重要，这些工作只有企业主要负责人和管理人员才能够决定。因此，把安全领导力作为第一要素。

（2）安全生产责任制。明晰、落实责任是做好一切工作的基础。安全生产责任制是安全管理工作的灵魂。《中华人民共和国安全生产法》特别明确要求企业要建立健全并严格落实全员安全生产责任制。突出强调全员安全生产责任制，是

我国安全管理工作特有的做法。生产安全事故的责任追究和一些企业安全生产责任要求不够具体增加了落实全员安全生产责任制的难度。目前，相当部分企业全员安全生产责任制的主要作用是应付政府监管部门的检查。一是企业对全员安全生产责任制的重要性认识不足，编制时没有针对岗位特点明确责任，岗位与责任不匹配；二是不够精细，没有做到"一岗一责"，没有准确定义岗位的全部安全生产责任；三是相当部分企业仍然认为安全生产就是安全管理部门的事，没有做到"全员、全覆盖""管业务必须管安全"。完善和落实全员安全生产责任制仍是当前企业安全生产工作的难点和重点。

（3）安全生产合规性管理。如果企业不符合安全生产法律法规、标准和政策性文件（目前我国安全生产许多要求是以政策性文件的形式提出的）要求，一旦发生生产安全事故，那将是责任事故！轻则企业被行政处罚，重则有关责任人被追究刑事责任，企业会因事故关闭。随着我国加快建设法治国家，安全生产合规性要求会越来越严格。当前，我国化工企业安全生产不合规运行的问题比较普遍和突出，一些大型国有企业安全生产合规性方面尚存在许多问题，必须引起高度重视。

（4）安全生产信息管理。安全生产信息管理是安全生产一项重要的基础性工作，这项工作看似简单，但要做好并不容易。如果企业从业人员连岗位接触到的化学品危险特性都不清楚，何谈"安全"。工艺技术原理、设备安全操作要求、安全仪表设置依据、同类企业事故教训、政府有关法律法规及标准要求等，这些安全生产信息对做好安全生产工作来说，都是重要的基础性资料。当然，对于安全生产信息管理，还要明确谁来做、如何做、做到什么程度、如何充分利用等问题。

（5）安全生产教育、培训和能力建设。该要素的本质是安全生产的人力资源保障。需要说明的是，安全生产教育和培训不能混为一谈。安全生产教育是教育企业从业人员增强法治意识、风险意识，提高遵章守纪的意识和自觉性，杜绝违章作业和违反工艺纪律、操作纪律、劳动纪律问题；培训是培养从业人员提高操作技能，做到懂操作原理，懂工艺流程，懂设备原理，会操作，会维护保养和处理事故，会正确使用应急装备和器材。安全生产教育和培训工作的关键是教育和培训的有效性、针对性和持之以恒。

安全生产是一门科学，化工安全生产更是一门多学科复合、非常复杂的科学。因此，安全生产能力建设是安全生产工作的重要支撑。安全生产能力建设包括企业安全领导能力、安全管理能力，以及从业人员安全意识、识别风险的能力、安全操作技能和应急处置能力。其中，企业安全领导能力由于在安全生产工作中起着关键的、不可替代的作用，作为第一要素单独列出。

（6）风险管理。风险管理是安全生产工作的核心任务，企业安全生产的所有要素都是围绕识别风险、防控风险展开的。化工企业风险管理既需要理论指导，又要靠实际经验积累，必须在具有较为丰富经验的专业人员组织下、全员参与才能有效开展。

（7）装置安全规划与设计。安全源于设计，化工装置的安全生产工作必须从规划和设计开始。科学的规划、本质安全化的合理设计是化工企业提高本质安全生产水平的基础。选址不科学、工厂布局不合理、工艺路线落后、设备材料选型不科学、自动化控制水平不高、安全仪表装备不合理，这些问题在生产装置投产后都很难彻底解决，消除规划、设计阶段留下的事故隐患是非常困难的，费用和代价也是非常高的。

（8）装置首次开车安全。新竣工的管线、设备设施的安装质量需要在装置实际运行中得到检验；设备仪表的调校效果需要在装置运行中得到印证，操作人员的培训效果、操作规程的严谨性需要在操作运行中得到印证，设备、仪表、操作人员相互之间需要进一步磨合。化工装置首次投料开车是化工安全生产的一种特殊状态，不确定、不可控因素多，情况多变，需要采取特殊的管控措施。

（9）安全操作。在充分消化吸收所有安全生产信息的基础上，编制严谨、准确的操作规程。在此基础上，企业从业人员严格执行操作规程，并根据实际操作中遇到的问题和变更情况，及时修订、不断完善操作规程，是避免操作事故发生的基本方法。

（10）设备完好性管理。此要素要求设备设施部件“完整”且功能“完备”。化工生产设备是基础，化工生产设备完好对于保障安全生产十分重要！许多化工

(危险化学品)重大事故都与设备设施泄漏有关。设备管理到位,检维修作业减少,动火等危险作业减少,发生生产安全事故的概率会大大降低。

(11)安全仪表管理。化工装置、危险化学品设施的安全仪表管理本来应该包括在“设备完好性管理”要素内,但考虑到我国化工(危险化学品)企业自动化程度越来越高,装置规模越来越大,操作人员越来越少,安全仪表的作用越来越重要,而且化工安全仪表专业性强,相关人才缺乏,开展工作难度大,因此将其作为一个独立要素单独列出。

(12)重大危险源安全管理。设置这一要素借鉴了欧盟化学品安全管理的经验,体现了我国化工、危险化学品安全生产的鲜明特点。重大危险源的化学品储存量大,与化工生产装置相比,发生事故的概率并不高,但我国人口密度大,一旦发生重大危险源事故,后果往往十分严重。大连“7・16”输油管道爆炸泄漏特别重大事故、天津港“8・12”特别重大火灾爆炸事故以及江苏响水“3・21”特别重大爆炸事故教训都十分深刻!因此,必须对重大危险源采取特别的安全管控措施。

(13)作业许可。作业许可要素是为了控制非常规作业风险而设置的。特殊作业及其他危险作业的安全管理是我国化工企业安全生产的短板和弱项,相关事故占化工企业事故起数和死亡人数的50%以上,必须继续强化管理。随着危险化学品的广泛应用,特殊作业事故向其他行业蔓延的趋势明显加快。因此,特殊作业及其他危险作业许可不仅是化工企业安全生产工作的重点,也将成为我国整个安全生产领域防范事故的重点工作。

(14)承包商安全管理。随着社会专业分工进一步细化,化工生产装置的建设施工、检维修作业、技术改造等都由专业的承包商承担。由于承包商对特定化工生产装置安全风险的认知不足,安全管理水平参差不齐,又加之企业对承包商监管不到位,使得承包商安全事故多发频发。承包商安全管理成为化工企业安全管理工作的重点和难点。

(15)变更管理。化工企业的许多生产安全事故是变更管理不到位造成的,这个问题在我国化工企业尤为严重。大连“7・16”输油管道爆炸泄漏特别重大事故、天津港“8・12”特别重大火灾爆炸事故等化工、危险化学品重特大事故,其变更管理缺失是事故发生的重要原因。

（16）应急准备与响应。应急处置是防范事故、减少事故损失的最后一道屏障。安全事故（事件）早期有效的应急处置可以“大事化小、小事化了”。加强和改进应急准备与响应工作，制定良好的应急预案，备好充足的应急物资，建设训练有素的应急力量和做好事故早期的有效处置，在遏制事故发展、减少人员伤亡和财产损失方面起着重要的、不可替代的作用。

（17）事故事件管理。根据《中华人民共和国安全生产法》的有关规定，生产安全事故的调查权在当地政府应急管理部门，因此这一要素界定为“事故事件管理”。其实，生产安全事故与生产安全事件调查遵循的原则是完全一样的。生产安全事件调查的核心也是查清事件根原因，吸取教训，坚决杜绝类似事件和事故发生。

（18）本质更安全。本质安全是指通过原始设计和持续不断的改进等手段，使生产设备或生产系统本身具有一定容错性，即使在误操作或发生故障的情况下也不会造成严重的事故。在化工生产中，绝对的本质安全是很难实现的，但作为高危行业，化工生产应该不断向本质安全的目标迈进，因此部分化工安全生产专家提出“本质更安全（本质安全化）”概念。“本质安全”和“本质更安全（本质安全化）”一字之差，但内涵发生了根本变化。“本质安全”从定义而言是绝对的；而“本质更安全（本质安全化）”是相对的，它既是目标，又是一项工作，是一个持续改进的过程。化工生产的“本质更安全（本质安全化）”工作从项目的规划、选址、工艺路线选择、安全设计、设备材料选型、装备自控和安全仪表系统以及施工安装入手，在装置投入运行后，要继续通过改进技术加强“本质更安全（本质安全化）”工作，不断提高本质安全水平。

（19）安全文化建设。企业的安全文化建设是提升企业安全生产工作执行力的助推器，是企业安全生产规章制度的兜底补充，是企业技术创新、管理创新的有效保障。优秀的化工企业安全文化以“安全第一”为根本理念，以敏锐的风险意识为思想核心，以从业人员严格的执行力和团结协作的“主人翁精神”做支撑。美国化学品事故调查委员会（CSB）在调查化工企业事故时，最后都要调查企业安全文化存在的问题，最终把所有的事故原因归咎到企业安全文化的缺陷上，可见企业安全文化的重要性！

（20）体系审核与持续改进。企业安全生产工作是一个长期、复杂的过程，需要不断地查找短板，持续改进。企业安全生产持续改进的措施包括安全管理体系的审核、安全业绩考核和定期的外部审计。通过体系的定期审核，不断完善管理体系；通过良好的安全生产工作业绩考核机制，充分发挥考核的安全生产工作"指挥棒"功能，是加强和改进安全生产工作的有效措施；外部审计则是发现企业领导层、管理层安全生产工作不足的重要手段。通过体系审核、安全业绩考核和外部审计，及时发现企业安全生产存在的问题和不足，持续改进安全生产工作，是企业提升安全生产水平的通用方法。

思考题

1. 企业应如何做好安全生产标准化与日常安全管理工作之间的融合？

2. 如何让企业所有人员正确认识安全生产标准化体系？

3. 请梳理本企业目前运行的所有安全管理体系要素，并思考如何做好不同体系要素的运行。

4. 企业应如何发挥安全管理体系的最大效能？

第二节　安全文化的建设及运行

一、企业安全文化概述

1. 安全文化的起源是什么？

安全文化起源于 20 世纪 80 年代国际核工业领域的切尔诺贝利核电站事

故。1986年，切尔诺贝利核电站发生爆炸，酿成核泄漏的世界性大灾难，事故原因是人的不安全行为。这使得国际核应急专家领悟到，单纯寻找设计上的缺陷、分析人的可靠性模型，都不能从根本上解决问题，必须上升到“人”的本质安全化，即安全文化的高度，着力于提高人的安全素质，解决人的安全意识、思维、行为、生命观等安全文化深层次的理论和方法问题，才有可能实现安全目标。

2. 安全文化的内涵是什么？

安全文化是企业从业人员共同认可的安全价值观、安全理念、安全行为规范，以及在其指导下的各种行为和意识的总称。

安全文化的内涵：安全文化具有“无形”和“有形”的特征，安全需要人人负责、全民共建；安全需要预防；安全是由管理组织上层与下层成员互动构建的；安全更主要的是安全理念、意识的形成；安全需要制度建设和制度约束等。安全文化实际上是要转化“头痛医头、脚痛医脚”的单纯依靠技术解决问题的模式，从根本上解决安全问题，走预防为主之路，变“要我安全”为“我要安全”。

3. 什么是企业安全文化？

企业安全文化是企业文化的重要组成部分，其形成的主要动力是内外环境安全发展要求（主要包括企业内部与国家的安全发展要求等），它是以“企业安全至上”为核心的安全价值观。

企业安全文化的主要内容包括安全价值观、态度、道德与行为规范。安全价值观、态度与道德体现为深层次的安全观念、理念与准则，是企业从业人员对于安全问题的基本判别及看待安全问题的态度，是企业安全文化的价值内核。安全行为规范体现为外显行为，是企业从业人员在长期生产实践中形成的良好安全行为习惯的积累。

4. 企业安全文化的作用是什么？

（1）企业安全文化对安全生产具有激励作用。积极向上的思想观念和行为准则可以形成强烈的使命感和持久的驱动力。积极向上的企业安全生产精神是从业人员自我激励的一把标尺，从业人员通过自身行为对照，找出差距，可以产生改进工作的驱动力。同时，企业内共同的价值观、信念、行为准则又是一种强大的精神力量，使从业人员产生认同感、归属感、安全感，起到相互激励的作用。

（2）企业安全文化对企业安全生产工作起凝聚、协调和控制作用。集体力量的大小取决于该组织的凝聚力，取决于该组织内部的协调状况及控制能力。文化是一个组织对外适应和对内整合的机制。企业具有良好的文化，企业从业人员就能形成积极向上的共同价值观、信念、行为准则，进而产生更强的企业承诺，使运行更有效率，也会有更好的效益。

（3）企业安全文化对安全生产具有导向作用，可以使生产进入安全高效的良性状态。企业安全生产决策是在一定的观念指导和文化气氛下进行的。它不仅取决于企业领导层的观念和作风，还取决于整个企业的精神面貌和文化气氛。积极向上的企业安全文化可为企业安全生产决策提供正确的指导。

5. 有关标准文件对企业安全文化建设的要求有哪些?

（1）《企业安全文化建设导则》（AQ/T 9004—2008）提出了企业安全文化建设7个要素（安全承诺、行为规范与程序、安全行为激励、安全信息传播与沟通、自主学习与改进、安全事务参与、审核与评估）的具体要求。

（2）《企业安全文化建设评价准则》（AQ/T 9005—2008）明确了企业安全文化建设评价指标、减分指标、评价程序。其中，评价指标包括基础特征、安全承诺、安全管理、安全环境、安全培训与学习、安全信息传播、安全行为激励、安全事务参与、决策层行为、管理层行为、员工层行为。

（3）《国务院安委会办公室关于大力推进安全生产文化建设的指导意见》（安委办〔2012〕34号）从如下9个方面提出了安全文化建设的具体要求：充分认识推进安全文化建设的重要意义，安全文化建设的指导思想和总体目标，切实强化科学发展、安全发展理念，大力推动安全生产职业道德建设，深入开展安全文化创建活动，加快推进安全文化产业发展，切实提高安全生产舆论引导能力，全面加强安全文化宣传阵地建设，强化安全文化建设保障措施。

（4）原国家安全监督管理总局宣教中心《全国安全文化建设示范企业管理办法》明确了全国安全文化建设示范企业申请、审核和监督管理 3 部分主要内容。

（5）《企业安全生产标准化基本规范》（GB/T 33000—2016）提出了安全文化建设要求：企业应开展安全文化建设，确立本企业的安全生产和职业病危害防治理念及行为准则，并教育、引导全体从业人员贯彻执行。

二、企业安全文化的建设及运行

1. 企业安全文化建设基本要素有哪些？

（1）安全承诺。企业应建立包括安全价值观、安全愿景、安全使命和安全目标等在内的安全承诺。安全承诺应做到：切合企业特点和实际，反映共同安全志向；明确安全问题在企业内部具有最高优先权；声明所有与企业安全有关的重要活动都追求卓越；含义清晰明了，并被全体从业人员和相关方所知晓和理解。

（2）行为规范与程序。企业内部的行为规范是企业安全承诺的具体体现和安全文化建设的基础要求。企业应确保拥有能够达到和维持安全绩效的管理系统，建立清晰界定的组织结构和安全职责体系，有效控制全体从业人员的行为。行为规范的建立和执行应做到：体现企业的安全承诺；明确各级各岗位人员在安全生产工作中的职责与权限；细化有关安全生产的各项规章制度和操作程序；行为规范的执行者参与规范系统的建立，熟知自己在企业中的安全角色和责任；用正式文件予以发布；引导从业人员理解和接受建立行为规范的必要性，知晓不遵守规范所引发的潜在不利后果；通过各级管理者或被授权者观察从业人员行为，实施有效监控和缺陷纠正；广泛听取从业人员意见，建立持续改进机制。

（3）安全行为激励。企业在审查和评估自身安全绩效时，除使用事故发生率等消极指标外，还应使用旨在对安全绩效给予直接认可的积极指标。企业宜建立从业人员安全绩效评估系统，应建立将安全绩效与工作业绩相结合的奖励制度。审慎对待从业人员的差错，避免过多关注错误本身，而应以吸取经验教训为目的。应仔细权衡惩罚措施，避免因处罚而导致从业人员隐瞒错误。企业宜在内部树立安全榜样或典范，发挥安全行为和安全态度的示范作用。

（4）安全信息传播与沟通。企业应建立安全信息传播系统，综合利用各种传播途径和方式，提高传播效果。企业应优化安全信息的传播内容，将企业内部有关安全的经验、实践和概念作为传播内容的组成部分。

（5）自主学习与改进。企业应建立有效的安全学习模式，实现动态发展的安全学习过程，保证安全绩效的持续改进。安全自主学习过程的模式如图 3-1 所示。

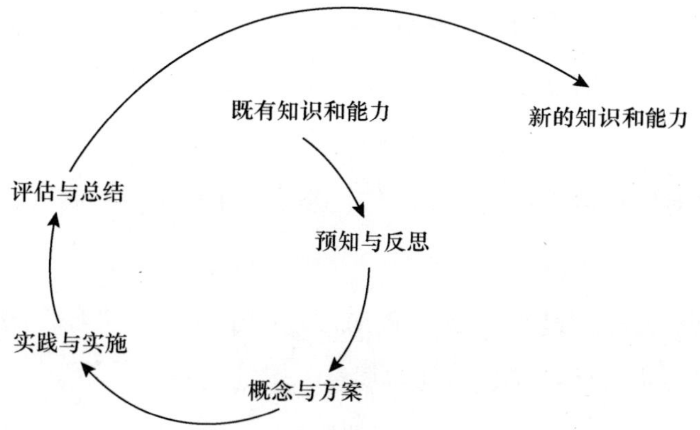

图 3-1　安全自主学习过程的模式

（6）安全事务参与。企业从业人员应认识到自己对自身和其他从业人员的安全负有重要责任。从业人员对安全事务的参与是落实这种责任的最佳途径。此外，企业还应建立让承包商参与安全事务和改进过程的机制。

（7）审核与评估。企业应对自身安全文化建设情况进行定期的全面审核。企业领导层应定期组织各级管理者评审企业安全文化建设过程的有效性和安全绩效结果；应根据评审结果确定并落实整改的优先次序，并识别新的改进机会；必要时，应鼓励相关方实施这些优先次序和改进机会，以确保其安全绩效与企业协调一致。在安全文化建设及评审过程中，应采用有效的安全文化评估方法，关注安全绩效下滑的前兆，给予及时的控制和改进。

2. 化工企业卓越安全文化的特征是什么？

安全文化是企业内部共同信念、共同实践和共同态度的集合。文化是由这些信念、态度等创造的氛围，该氛围塑造企业从业人员的行为。以下 25 个方面可以作为判断企业是否拥有卓越安全文化的参考要素：

（1）企业内各级领导都以身作则。

（2）企业内的所有从业人员都具备安全相关的知识和职业技能。

（3）企业对要实现的安全文化有明确的描述。

（4）没有能与安全抗衡的优先事项——安全永远都是第一位的。

（5）保障安全生产投入，而且有足够的安全生产资金投入证据。

（6）在安全事故发生之前，能够提前发现问题并能改进管理。

（7）就安全问题定期进行全厂性的交流。

（8）建立对所有从业人员一视同仁、公平公正的纪律和制度。

（9）企业中的每个人都能有效地参与安全工作。

（10）企业的各级管理者有足够的时间深入基层，即“有感领导（领导感觉到）”或更进一步的“可感领导（基层员工感觉到）”。

（11）安全生产工作的参与度不断被刷新，表明从业人员的安全生产积极性很高，企业对安全生产要求和倡议的宣传非常有效。

（12）从业人员主动响应安全生产要求和倡议，企业安全生产产生切实的效果。

（13）由于企业对从业人员的安全负责和高福利待遇，从业人员的工作满意度高。

（14）在企业内部，安全是每次会议的第一项议程。

（15）企业从业人员愿意主动向上级主管报告安全问题。

（16）聘请外部机构对企业安全管理体系和安全工作进行定期的、详细的审计。

（17）认可并定期奖励从业人员良好的安全行为，激励从业人员继续保持。

（18）将安全作为从业人员聘用的条件之一。

（19）企业各级管理者都对基层上报的安全问题作出积极回应。

（20）将安全生产投入看作是投资。

（21）执行精准、详细和高标准的伤害报告制度——不掩饰任何安全问题的真相。

（22）企业安全规划要实现的目标必须有具体的定义。

（23）企业在必要时要具备作出重大改变的决心和毅力。

（24）高效及时地处理所有的安全问题。

（25）企业从业人员有发现并解决安全问题所需的资源和权力。

需要特别指出的是，如果企业以“一体化”的形式推进企业文化建设，或以安全文化建设为引领开展企业文化建设，企业安全文化建设会相得益彰，成效更为明显。

3. 企业安全文化建设的步骤有哪些？

安全文化建设需要稳步、扎实有效地开展。企业安全文化建设一般包括如下步骤：

（1）成立企业安全文化推进工作领导小组和工作推进小组。领导小组必须由企业主要负责人亲自担任组长，同时要确定一名分管负责人担任副组长。工作推进小组可以由生产、安全管理、宣传等部门的人员组成，负责日常工作。

（2）进行企业安全管理状况自评（初始状态评审），对企业安全文化现状进行摸底。

（3）分层次开展全员安全意识（态度）、安全常识的调研，将调研结果作为制定建设方案的依据。

（4）编制安全文化架构及组成内容的策划方案，并制定推进计划表。

（5）根据策划方案，制订实施各项内容的实施计划。

（6）根据实施计划，开展各项建设工作。培训骨干、宣传教育、激励、感化是推动企业安全文化建设不可或缺的工作内容。

（7）进行定期的工作回顾，及时调整方案和计划。

（8）跟踪和评定实施效果，及时修正和完善各项建设内容。

（9）进行安全文化建设评估，编制评估报告。

4. 企业如何开展安全文化体系自评?

企业应按《企业安全文化建设评价准则》（AQ/T 9005—2008）等文件要求，开展安全文化体系自评。安全文化体系自评相关要求如下：

（1）自评的频次和时机：企业应每年至少开展一次安全文化体系自评，一般应在年末或年初开展。

（2）成立自评组织：企业在进行安全文化体系自评前应成立自评小组，由企业主要负责人或分管负责人担任组长，安全管理部门、企业文化管理部门及有关部门人员参加。

（3）编制自评计划：企业应结合《企业安全文化建设评价准则》（AQ/T 9005—2008）等要求及企业自身实际，编制安全文化体系自评计划，明确评审对象、自评时间、自评小组分工等。

（4）编制自评检查表：企业应结合《企业安全文化建设评价准则》（AQ/T 9005—2008）及《全国安全文化建设示范企业评价标准（修订版）》等要求，编制安全文化体系自评检查表。

（5）编制安全文化体系自评报告：在完成安全文化体系自评后，企业应编制安全文化体系自评报告，结合安全文化自评表中各类指标运行情况，详细评价企业本年度各类指标相关工作开展情况，有关结果应采用相关数据。

（6）提出安全文化建设持续改进的措施或方案：针对安全文化体系自评发现的问题或不符合项，企业应制定改进措施，及时对问题进行整改。同时，企业应结合自评报告，全面分析企业在本年度安全文化建设工作中存在的不足，明确下一年安全文化建设工作的持续改进方向，制定相应的安全文化建设提升方案。

思考题

1. 如何创建安全文化示范企业？
2. 企业文化与安全文化之间的关系是什么？

第三节　现代安全管理的理论基础与特征

一、现代安全管理的理论基础

1. 现代安全管理的理论基础是什么？

现代安全管理是现代社会和现代企业实现现代安全生产和安全生活的必要手段。一个具有现代技术的生产企业必然需要与之相适应的现代安全管理。目前，现代安全管理是安全管理体系中最活跃、最前沿的研究和发展领域。

现代安全管理工程的理论和方法有安全哲学原理、安全系统论原理、安全控制论原理、安全信息论原理、安全经济学原理、事故预测与预防原理、事故突变原理、事故致因理论、事故模型学、安全法制管理、安全目标管理法、安全行为抽样技术、安全经济技术与方法、安全评价、安全行为科学、安全管理的微机应用、安全决策、本质安全技术、危险分析方法、风险分析方法、系统安全分析方法、系统危险分析、故障树分析、危险控制技术、安全文化建设等。

2. 现代安全管理与传统安全管理的区别是什么？

现代安全管理的特点在于，要变传统的纵向单因素安全管理为现代的横向综合安全管理；变传统的事故管理为现代的事件分析与隐患管理（变事后型为预防型）；变传统的静安全管理为现代的安全动态管理；变过去企业只顾生产经济效益的安全辅助管理为现代的顾效益、环境、安全与健康的综合效果的管理；变传统被动、滞后的安全管理为现代主动、超前的安全管理；变传统的外迫型安全指标管理为内激型安全目标管理（变被动任务为核心事业）。

二、现代安全管理的特征

现代安全管理的基本特征是什么?

（1）强调以人为中心的安全管理，体现以人为本的科学的安全价值观。安全管理人员必须时刻牢记保障人的生命安全是安全管理工作的首要任务。人是生产力诸要素中最活跃、起决定性作用的因素。在实践中，应把安全管理的重点放在激发和激励从业人员关注安全、充分发挥其主观能动性和创造性上面，形成让所有从业人员主动参与安全管理的局面。

（2）强调系统的安全管理。要从企业的整体出发，实行企业全员、全过程、全方位的安全管理，使企业整体的安全生产水平持续提高。

（3）计算机和互联网的应用。计算机和互联网的普及应用加速了安全信息的处理和流通速度，并使安全管理逐渐由定性走向定量，使先进的安全管理经验、方法得以迅速推广，事故教训得以及时共享。互联网技术以及现代检测技术的发展使得在线检测监控技术成为对危险工艺和危险物品生产过程实施监控不可或缺的安全管理技术手段。可以说，互联网技术的应用是21世纪现代安全管理最显著的基本特征。

思考题

1. 本企业安全管理有何特点？
2. 如何推广本企业安全管理工作的亮点做法？

第四节　国外安全管理经验

一、美国石化企业的安全管理经验

可以从美国石化企业安全管理中借鉴哪些经验?

（1）强化法规。1992 年以来，美国不断加强和完善安全法规建设，收到了明显成效。1992 年 2 月，美国职业安全卫生署正式颁布《过程安全管理规范》，完成了生产过程安全管理立法。该规范将技术、程序和管理实践融为一体，将过程安全置于优先地位，加快了以过程安全管理为核心的一系列安全法规的出台，从而使石化企业事故逐年减少。

（2）改进装备。石化企业的设备故障是造成灾害事故的主要原因，因此选用良好的设备、材质、仪表，以及可靠的设备状态监测和自控自保系统，是实现安全生产的物质基础。除整体设备外，美国对阀门、管道的安全性也十分重视，并将防止管道输送系统泄漏作为环保、安全、节能的要点，对设备及施工提出了“零释放”要求。

在设备状态的监测中采用数据采集系统与病态诊断的专家系统，可即时做出设备动态的判别。在管道输送系统中普遍使用在线腐蚀监测仪，可对管道腐蚀状况进行预知性管理。在安全装备上，采用有毒介质/火灾监测和控制系统、自动应急停车系统和生产过程自动监测控制系统，从而消除人为因素的干扰，保障安全生产。

（3）发展软科学。安全方面的软科学主要有安全管理的现代方法、安全系统工程学分析、安全评价、安全系统工程学、安全人机工程学、安全心理学、安全经济学、安全诊断专家系统等。《美国 OSHA 安全法规》规定，过程装置必须进行危险性分析，以消减灾难性事故。为此，在石化企业工程设计上，普遍采用智能型计算机辅助设计，使过程危险性分析程序化，成为安全管理的主要工具；在安全培训上，采用计算机仿真培训系统，使新工人在数周之内可以得到传统师徒培训法几年才能取得的经验，保证了操作规程可持续性的继承与发展。

传统的安全管理多处于被动的事故追究型管理，而现代安全管理则变为以事故预防型为主的管理，其中心环节是科学的安全管理活动和安全评价技术的应用。美国莫比尔石油公司推行的科学安全管理活动，使事故率下降了48%；工人工伤赔偿金比20世纪80年代减少93%。该公司将节约的赔偿金作为“安全之星”的奖金，使行为安全活动深入人心。

安全评价技术是对石化企业作业系统存在的危险性进行定性和定量分析，推测危险性的概率及程度，以寻求最低事故率、最少的损失和最优的安全投资效益；利用故障树分析法，对设计、施工、设备、工艺等全流程一一进行可靠性分析，以实现本质安全企业。

我国的石化企业正在建立人、机、科学、法律、环境等“5M”的安全企业，在人员素质、设备、工艺、管理和整体环节5个方面下功夫，以逐步成为本质安全企业。这与美国石化企业的强化管理、改进装备、发展软科学的方向是一致的。

二、荷兰皇家壳牌石油公司安全管理经验

可以从荷兰皇家壳牌石油公司安全管理中借鉴哪些经验？

荷兰皇家壳牌石油公司的安全管理是以如下11个方面为主要特色的，其安全管理的做法在世界石油行业，甚至整个工业社会有广泛的影响。

（1）管理层对安全事项做出明确承诺，具体如下：

1）在策划与评估各项工程、业务及其他经营活动时，均以安全绩效作为优先考虑的事项。

2）对意外事故表示关注。总裁级人员应与一位适当的集团执行董事委员会成员，商讨意外事故的全部细节及为避免意外发生所采取的有关措施。总裁级以下的管理层，亦同样关注各类意外事故，就意外事故进行调查及跟进工作，关注

相关人员的赔偿福利事项。

3）选用经验丰富及精明能干的人才承担安全部门职责。

4）准备必要资金，作为创造及重建安全工作环境之用。

5）树立良好榜样。

6）系统地参与所辖各部门进行的安全检查及安全会议。

7）在公众和公司集会上以及在刊物内推广安全信息。

8）每日发出指令时要考虑安全事项。

9）将安全事项列为管理层会议议程要项，同时在业务方案及业绩报告内突出强调安全事项。

（2）明确、细致、完善的安全政策。制定政策时以下列基本原理作为依据：

1）确认各项伤亡事故均可及时避免的原则。

2）各级管理层均有责任防止意外发生。

3）安全事项应该与其他主要的经营目标同等重视。

4）必须制定安全程序。

5）各项可能引起伤亡事故的业务和活动均应做好预防措施。

6）必须培训从业人员的安全能力，使其了解安全对他们本身及公司的裨益，明确责任。

7）避免意外是业务成功的表现。实现安全生产往往是工作有效率的证明。

（3）明确各级管理层的安全责任。高层管理人员务必制定一套安全政策，并建立安全组织用于政策落实。安全事项是各层管理层的责任，各级管理层对安全的责任及义务必须清楚界定于职责范围手册内。

推行安全操作、设备标准及程序、安全规则时，应有一套机制确保信息及意见上呈下达，使得全体从业人员有参与其中之感。

（4）设置精明能干的安全顾问。经理级人员往往将安全事项交予安全部门负责，但安全部门并无权利负责，亦无义务处理他人管理下所发生的事故。安全部门的职责只是提供意见，予以协调及进行监管。要有效履行这些职责，安全部门应具备充分的专业知识，并与各级管理层时刻保持联络。该部门更应不时密切留意公司的商业及技术目标，以便做好以下工作：

1）向管理层提供有关安全政策、公司内部检查及事故报告与调查的指引。

2）向设计工程师及其他人员提供专业的安全资料及经验（包括数据、方法、设备等）。

3）指导及参与有关指令制定、训练及练习的准备工作。

4）就安全发展事项与有关公司、行业及政府部门保持联络。

5）协调有关安全绩效的监督及评估事项。

6）给予管理层有关评估承包商安全绩效的指引。

（5）制定严谨而广为认同的安全标准。安全标准可以是工作程序、安全守则与规例等，其标准的关键有以下几方面。

1）应以书面形式制定，使之易于明白。

2）标准必须告知公司及承包商的全体人员。

3）当一项守则或标准所定的程序不切实际或不合理时，该项守则或标准大多不会为人所接受，亦不会有人甘愿遵从，而且必将难以执行，但安全标准则较易接受。

4）参考公司本身与其他公司所得的安全经验而进行修订。

（6）严格衡量安全绩效。采取残疾损伤或伤亡意外（LTI）频率作为衡量安全绩效的方法，并将其作为进行各项伤亡事故统计的依据。这种方法与同行业或其他行业的工业安全分析法相近，以便能对安全绩效作出直接比较。

工时损失频率也是一种有效的分析指标，但如果伤亡意外（LTI）的总数过少，或业务规模较小，且伤亡意外又接近或等于零时，这种指标就缺乏准确性。当出现上述情况时，不能依赖该项指标作为安全绩效的指标，应采用更为精确灵敏的衡量方法。

（7）实际可行的安全目标及目的。安全目标尽量以数字显示，其内容可包括下列各项：

1）为完成进度而制定的指令、守则、程序或文件。

2）定期召开安全委员会会议及其他安全会议的次数。

3）定期进行各项检查或审查的次数。

4）编排与安全有关设施的进度，及实行新程序的日期。

（8）对安全水平及行为进行审查。大多公司均已制订安全检查及审查计划，经常集中检查设备及程序上的安全情况，且由管理人员、经理、安全部门代表参加，频率大多为数月一次，亦或数年一次。有关人员应该致力于提高安全检查的效用，项目包括各次检查的内容、范围及参与人选，并采取措施监督各项检查建议是否落实。

同时，应对危险行为及情况予以检查。此项任务可在经理或管理人员每次进入一个工作区域时进行，其中包括注意人员行为、生产操作时的方法及所穿的服饰，并留意各项工具、装备及整体的工作环境。及时纠正危险行为及情况可避免意外发生，将他们的行为及情况记录在案，亦可成为安全评价的参考。

从业人员最终均可察觉何为危险行为。当某员工能够自行检查自己的工作区域、自己与同事的行为及工作情况，而这些程序又为各人所接受时，将形成有助于取得良好安全绩效的最佳环境。只有公司建立良好的安全文化，员工才会对安全管理的态度做出上述基本转变。

（9）有效的安全训练。推行改善安全管理的计划，务必全力确保员工在安全条件下了解计划的详情，以及计划背后的基本原理。使管理层和所辖员工及承包商接受这些基本原理，对于管理层来说是最大挑战，可通过举办介绍会、研讨会及座谈会来实现这个目标。

这些措施可使改善安全管理的计划迅速普及至全公司，但管理层与下属进行的非正式讨论及汇报亦同样重要。所用方法务必贯彻统一，使每个人均获得相同的信息。高层管理部门自当参与这些介绍会，以示其对安全的承诺。

应将特定的安全项目列入技术训练计划中。应系统策划训练计划，使行为上的训练与工作需要的技术训练取得平衡。管理层应策划及监督专为员工设立的训练计划的整体进度，确保有关人员获得全面训练，帮助其履行职责。

（10）强化伤亡意外事故调查及跟进工作。伤亡意外事故调查应该按照以下基本原理进行：

1）即时调查。

2）委派真正了解工作情况的人员参与调查。

3）搜集并记录事实，包括组织上的关系、类似的意外事故及其他相关的背景资料。

4）以“防止类似事故重演”作为调查目的。

5）确定基本的肇事原因。

6）提出改进措施。应确保各项改进措施贯彻执行，任何所获得的经验教训亦该告知公司及集团全体员工，并于适当情况下告知其他相关人员。

（11）有效的管理运行及沟通。改善安全管理计划的成败，取决于员工如何获得推动力及如何互相联络沟通。成功秘诀之一是与各级员工取得沟通，渠道包括书面通知、报告、定期通信、宣传活动、奖励/奖赏计划、个别接触，最为有效的方法——召开系统的安全会议。在这些会议中，可让个人参与安全事项讨论，畅所欲言。

会上未能解决的事项及其他重要的行动事项，亦应提呈适当的经理或安全委员会。有关方面应尽早作出回复，以免尚待解决的行动事项不断积累。

除召开系统的安全会议外，管理层与下属研讨将要进行的工作时，亦应讨论相关的安全事项，如工作计划、施工过程、工作例会等。

管理层在安全委员会及安全会议上的主要目的之一，是探讨各级员工对改善安全管理计划的观感，以及安全资料及信息是否正确无误地传达。为继续给予员工推动力，管理层务必鼓励员工作出回应，各抒己见。

三、美国杜邦公司的安全管理经验

1. 杜邦公司的安全哲学是什么？

杜邦公司的高层管理者对其公司的安全承诺：致力于使工人在工作和非工作期间获得最大程度的安全与健康，致力于使客户安全地销售和使用其产品。

安全管理是公司事业的组成部分。杜邦公司认为，所有的伤害和职业病都是可以预防的，任何人都有责任对自己和周围工友的安全负责，管理人员应对其所辖机构的安全负责。

2. 杜邦公司的安全目标是什么？

杜邦公司针对自身的安全理念和要求，明确了安全目标，即“零伤害、零职业病、零环境损坏”。

3. 杜邦公司的安全信仰是什么？

（1）所有伤害和职业病都是可以预防的。

（2）关心工人的安全与健康至关重要，必须优先于其他各项目标。

（3）工人是公司的最重要财富，每个工人对公司做出的贡献都具有独特性和增值性。

（4）为了取得最佳的安全效果，管理人员做出安全承诺，发挥领导作用并做出榜样。

（5）安全生产将提高企业的竞争地位，在客户中产生积极的影响。

（6）为了有效地消除和控制危害，应积极地采用先进技术和设计。

（7）工人并不想使自己受伤，因此能够进行自我管理，预防伤害。

（8）参与安全活动，有助于增加安全知识，提高安全意识，增强对危害的识别能力，对预防伤害和职业病有很大的帮助作用。

4. 杜邦公司的安全管理原则是什么？

（1）把安全视为所从事工作的一个组成部分。

（2）安全和健康是就业的必要条件，每个工人都必须对此条件负责。

（3）要求所有的工人都要对其自身的安全负责，同时也必须对其他工人的安全负责。

（4）认为管理人员应对预防伤害和职业病负责，对工人遭遇伤害和职业病的后果负责。

（5）提供安全的工作环境。

（6）遵守一切职业安全卫生法规，并努力做到高于法规的要求。

（7）关注工人在非工作期间的安全与健康。

（8）充分利用安全知识来帮助客户。

（9）使所有工人参与到职业安全卫生活动中去，并使之成为产生和提高安全动机、安全知识和安全技能的手段。

（10）每一个工人都有责任审查和改进其所在的系统、工艺过程。

5. 可以从杜邦公司借鉴哪些管理经验？

（1）安全具有压倒一切的优先理念。安全是开展一切工作的前提，无论是生产还是效益，在任何情况下，繁忙的日程绝不能成为忽视安全的理由。

（2）安全人人（层层）有责。每个工人都要对其自身的安全和周围工友的安全负责。每个厂长、车间主任及工段长对其下属工人的安全都负有直接的责任。这种层层负责的责任制在整个机构中必须非常明确。领导一定要多花费一点时间到工作现场，到工人中间去询问、发现和解决安全问题。

提倡互相监督、自我管理的同时，也必须做出这样的组织安排，即确保领导和工人在安全方面进行经常性的接触。

（3）不能容忍任何偏离安全制度和规范的行为。杜邦公司的任何一员都必须坚持杜邦公司的安全规范，遵守安全制度，这一点是不容置疑的，这是在杜邦公司就业的一个基本条件。如果不这样去做，将受到纪律处罚，甚至解雇，有时即使受伤也不例外。这是对管理人员和工人的共同要求。

思考题

1. 结合企业实际，思考如何借鉴国外先进安全管理理念和经验？
2. 结合企业实际，归纳总结本企业优秀的安全管理理念和经验。

第四章
职业病危害因素及防护

第一节　职业病危害因素及危害特性

一、职业病危害因素的识别

1. 化工生产过程中主要存在哪些职业病危害因素？

根据《职业病危害因素分类目录》，职业病危害因素共分为6大类，即粉尘、化学因素、物理因素、放射性因素、生物因素和其他因素。

按来源分，生产过程中产生的职业病危害因素包括以下几类：

（1）化学因素，包括生产性粉尘和化学有毒物质。生产性粉尘有矽尘、煤尘、电焊烟尘等，化学有毒物质有铅、汞、锰、苯、一氧化碳、硫化氢、甲醛、甲醇等。

（2）物理因素，如异常气象条件（高温、高湿、低温）、异常气压、噪声、振动、辐射等。

（3）生物因素，包括生产原料和作业环境中存在的致病微生物或寄生虫。

2. 职业病危害因素有哪些主要危害特性？

（1）生产性粉尘包括无机粉尘和有机粉尘。粉尘对人体有多方面的不利影响。尘肺是由于人体吸入生产性粉尘引起的以肺纤维化为主要变化的职业病。尤其是含有游离二氧化硅的粉尘，能引起严重的职业病——矽肺。

（2）生产性毒物进入机体后，能与机体组织发生化学或物理作用，破坏正常生理功能，引起机体暂时或长期的病理状态。生产性毒物侵入人体的途径包括吸入、经皮吸收和食入 3 种。毒物的危害性不仅取决于毒物的毒性，还受生产条件、劳动者个体差异的影响。

（3）在生产过程中，机器转动、气体排放等易产生噪声。长时间接触噪声，可能造成噪声聋，并可能引起人体其他器官或机能异常，出现不可逆、病理性损伤。

（4）长时间在高温环境下作业，可能会导致人体体温调节和水盐代谢紊乱，使体内水分和盐分大量丢失，引发中暑。长时间在低温环境下作业，如果超过人体耐受能力，将造成人员失温、动作不灵活，进而导致事故发生。

二、职业病危害防护

1. 对于有毒作业场所，需要采取的管理措施有哪些?

根据《使用有毒物品作业场所劳动保护条例》，对于有毒作业场所，需要采取的管理措施如下：

（1）用人单位使用有毒物品的作业场所，除应当符合《中华人民共和国职业病防治法》规定的职业卫生要求外，还必须符合下列要求：

1）作业场所与生活场所分开，作业场所不得住人。

2）有害作业与无害作业分开，高毒作业场所与其他作业场所隔离。

3）设置有效的通风装置，可能突然泄漏大量有毒物品或者易造成急性中毒的作业场所设置自动报警装置和事故通风设施。

4）高毒作业场所设置应急撤离通道和必要的泄险区。

（2）使用有毒物品作业场所应当设置黄色区域警示线、警示标识和中文警示说明。警示说明应当载明产生职业中毒危害的种类、后果、预防以及应急救治措施等内容。高毒作业场所应当设置红色区域警示线、警示标识和中文警示说明，并设置通信报警设备。

（3）用人单位应当确保职业中毒危害防护设备、应急救援设施、通信报警设备处于正常适用状态，不得擅自拆除或者停止运行，并对上述所列设施进行经常性的维护、检修，定期检测其性能和效果，确保其处于良好运行状态。职业中毒危害防护设备、应急救援设施和通信报警设备处于不正常状态时，用人单位应当立即停止使用有毒物品作业；恢复正常状态后，方可重新作业。

2. 如何通过提高本质安全水平，降低或减少职业病危害因素对人体的危害程度？

本质安全的基本原则有最小化原则、替代原则、缓和原则、简化原则和隔离原则。围绕本质安全的基本原则，降低或减少职业病危害因素对人体的危害程度，应从以下几方面入手：

（1）根据最小化原则，减少系统中有毒有害物质在线量或减少环境中有毒有害物质的逸出量。例如，减少中间储罐数量，减少危险化学品储量，加强设备密封，做好密闭排放和优化控制技术等。

（2）根据替代原则，用低毒物质代替高毒物质，用无毒物质代替有毒物质。例如，在某些生产工艺中使用三光气替代光气，氯碱工业采用离子膜法替代汞法等。

（3）根据缓和原则，改善工艺条件，将剧烈反应改为缓和反应，减少物料逸出。例如，采用催化剂改善反应条件，采用低压法替代高压法生产聚乙烯等。

（4）根据简化原则，改进工艺，缩短流程。例如，采用气相法替代溶剂法生产聚乙烯，大大降低反应风险；采用自动化控制替代人工操作，大大减少人为操作失误的风险。

（5）根据隔离原则，采取措施将危险状态的化学品与人员和其他设备设施隔离开来。例如，高压聚乙烯的反应器被设计在 50 cm 厚的钢筋混凝土防爆墙内等。

此外，还可以采取加强通风、做好隔离和人员防护等措施降低或减少职业病危害因素对人体的危害程度。

3. 法律法规在职业病危害防治方面有哪些要求？

（1）《中华人民共和国宪法》规定，国家通过各种途径，创造劳动就业条件，加强劳动保护，改善劳动条件，并在发展生产的基础上，提高劳动报酬和福利待遇。这是对我国职业安全卫生工作的总体要求。

（2）《中华人民共和国职业病防治法》明确了劳动者依法享有职业卫生保护的权利。用人单位应当为劳动者创造符合国家职业卫生标准和卫生要求的工作环境和条件，并采取措施保障劳动者获得职业卫生保护。第五条规定，用人单位应当建立、健全职业病防治责任制，加强对职业病防治的管理，提高职业病防治水平。第七条规定，用人单位必须依法参加工伤保险。

（3）《中华人民共和国劳动法》第五十二条规定，用人单位必须建立、健全劳动安全卫生制度，严格执行国家劳动安全卫生规程和标准，对劳动者进行劳动安全卫生教育，防止劳动过程中的事故，减少职业危害。第五十三条规定，新建、改建、扩建工程的劳动安全卫生设施必须与主体工程同时设计、同时施工、同时投入生产和使用。第五十四条规定，用人单位必须为劳动者提供符合国家规定的劳动安全卫生条件和必要的劳动防护用品，对从事有职业危害作业的劳动者应当定期进行健康检查。

（4）《中华人民共和国尘肺病防治条例》第七条规定，凡有粉尘作业的企业、事业单位应采取综合防尘措施和无尘或低尘的新技术、新工艺、新设备，使作业场所的粉尘浓度不超过国家卫生标准。

4. 职业病危害因素控制措施有哪些？

职业病危害因素控制，应优先考虑从源头上防止劳动者接触各类职业病危害因素，改善可能引起健康损害的作业环境。其中，工程控制是从源头上防治职业病的重要手段之一。针对粉尘、化学毒物、噪声与振动、高温等职业病危害因素，可从工程控制上采取相应的防护措施，主要包括工业通风、工业除尘、噪声控制等卫生工程防护措施。

（1）工业通风。通风是控制工业有害物、防尘、防毒、防暑降温的主要技术措施，主要是把生产活动中受污染的空气排出，把清洁空气送入，以保证劳动者所在生产环境内的劳动条件符合要求。当工作场所有害气体、粉尘浓度相对较低或气温、湿度较高时，可采用自然通风方式；机械通风可根据不同要求提供动力，对不同成分的空气进行加热、冷却、加湿、净化处理。

（2）工业除尘。工业除尘是将含尘气体通过除尘器，将固体颗粒从气流中分离出来，主要用于燃煤锅炉烟气、装卸与粉碎工艺颗粒物的捕集与去除。

（3）噪声控制

1）声源降噪：采用低噪声材料，选用低噪声设备，利用低噪声工艺等，可以从源头进行噪声控制。

2）传播途径控制：通过厂区合理布局、利用屏障阻止噪声传播和绿色降噪等方法，从规划管理上采取措施控制噪声，也可以直接采取吸声、隔声、减振和消声等技术措施降噪。

3）对劳动者的保护：劳动者可以采取佩戴护耳器或在隔声间操作等措施。

思考题

1. 如何做好企业的职业病预防工作？
2. 在职业病危害防护方面，应如何履行好安全生产分管负责人的职责？

第二节 个体防护装备的配备与管理

一、个体防护装备的配备

1. 个体防护装备是如何进行分类的？

个体防护是在生产条件无法消除各种危险和职业病危害因素的情况下，为保障从业人员的安全与健康所设置的最后一道防线。

按照用途分类，个体防护装备一般分为防坠落用品（如安全带、安全网）、防冲击用品（如安全帽）、防触电用品（如绝缘服、电绝缘鞋）、防机械外伤用品（如防护服、手套等）、防酸碱用品（耐酸碱手套、靴等）、耐油用品（如耐油工作服）、防水用品（如雨衣、雨靴）、防寒用品（如防寒服、鞋、帽）等。

以人体防护部位分类，个体防护装备分为头部防护用品（如防护帽、安全帽等）、呼吸器官防护用品（如防尘口罩、防毒口罩等）、眼面部防护用品（如面罩、护目镜等）、听觉器官防护用品（如耳塞、耳罩等）、手部防护用品（如各类手套）、足部防护用品（如防尘鞋、防寒鞋、电绝缘鞋等）、躯干防护用品（如防水服、防寒服、阻燃服等）、护肤用品和防坠落用品（如安全网、安全带等）。

2. 法律、法规、标准、规范对岗位配备个体防护装备是如何规定的？

（1）《中华人民共和国职业病防治法》规定，用人单位必须采用有效的职业病防护设施，并为劳动者提供个人使用的职业病防护用品。用人单位为劳动者个人提供的职业病防护用品必须符合防治职业病的要求；不符合要求的，不得使用。

（2）《个体防护装备配备规范　第1部分：总则》（GB 39800.1—2020）规定了个体防护装备的配备原则，具体如下：

1）用人单位为作业人员配备的个体防护装备应与作业场所的环境状况、作业状况、存在的危害因素和危害程度相适应，应与作业人员相适合，且个体防护装备不应导致其他额外的风险。

2）用人单位应对其使用的劳务派遣工、临时聘用人员、实习生和允许进入作业地点的其他外来人员进行个体防护装备的配备及管理。

3）在作业过程中发现其他危害因素，现有个体防护装备不能满足作业安全要求，需要另外配备时，应立即停止相关作业，配备相应的个体防护装备后，方可继续作业。

3. 如何选用个体防护装备？

《个体防护装备配备规范　第2部分：石油、化工、天然气》（GB 39800.2—2020）规定了化工企业个体防护装备的配备要求，具体如下：

（1）对于涉及易燃易爆场所的作业，应配备安全帽、防静电工作帽、自给开路式压缩空气呼吸器、自吸过滤式防毒面具、自吸过滤式防颗粒物呼吸器、职业眼面部防护具、安全鞋、防静电工作服、化学防护服、阻燃服、防化学品手套、防静电手套。

（2）对于吸入性气相毒物作业，应配备长管呼吸器、动力送风过滤式呼吸器、自给闭路式压缩氧气呼吸器、自给闭路式氧气逃生呼吸器、自给开路式压缩空气呼吸器、自吸过滤式防毒面具、自给开路式压缩空气逃生呼吸器、职业眼面部防护具、防化学品手套、化学防护服。

（3）对于吸入性粉尘作业，应配备动力送风过滤式呼吸器、自吸过滤式防颗粒物呼吸器、职业眼面部防护具。

（4）对于腐蚀性作业，应配备职业眼面部防护具、防化学品手套、防化学品鞋、化学防护服。

二、个体防护装备的管理

应如何做好个体防护装备的管理工作?

根据《个体防护装备配备规范　第1部分：总则》（GB 39800.1—2020），应从以下几方面做好个体防护装备的管理工作：

（1）企业应建立健全个体防护装备管理制度，至少包括采购、验收、保管、选择、发放、使用、报废、培训等内容。

（2）企业应明确个体防护装备责任部门和责任人，建立健全个体防护装备管理档案。

（3）企业应对发放的个体防护装备的使用方式进行培训，确保作业人员正确使用。

（4）按照产品使用说明书和有关内容及要求，指导并监督个体防护装备使用人员对在用的个体防护装备进行正确的日常维护和使用前的检查。对必须由专人负责的，应指定受过培训的合格人员负责日常检查和维护。

（5）出现以下情况之一，企业应给予判废和更换新品：

1）个体防护装备经检验或检查被判定为不合格。

2）个体防护装备超过有效期。

3）个体防护装备功能已失效。

4）个体防护装备的使用说明书中规定的其他判废或更换条件。

思考题

1. 如何做好个体防护装备的维护保养工作？

2. 如何正确使用个体防护装备？

第五章
事故应急管理

第一节　应急预案及应急演练

一、应急预案管理

1. 什么是企业应急预案？如何分类？

企业应急预案是指企业针对可能发生的事故，为最大限度减少事故损害而预先制定的应急准备工作方案。

企业应急预案分为综合应急预案、专项应急预案和现场处置方案。

综合应急预案是指企业为应对各种生产安全事故而制定的综合性工作方案，是企业应对生产安全事故的总体工作程序、措施和应急预案体系的总纲。

专项应急预案是指企业为应对某一种或者多种类型生产安全事故，或者针对重要生产设施、重大危险源、重大活动防止生产安全事故发生而制定的专项性工作方案。

现场处置方案是指企业根据不同生产安全事故类型，针对具体场所、装置或者设施所制定的应急处置措施。

2. 什么是数字化应急预案系统？

数字化应急预案就是利用计算机技术和网络信息技术，形成全面、具体、针对性强、直观、高效的应急预案，使预案的制定和执行达到规范化、可视化的水平，缩短应急预案的编制周期，并提高预案的可操作性。其重要性体现为以下 4 个方面：

（1）文本应急预案通常是对应急处置过程和职责的概要描述，数字化应急预案可以根据每次的事态发展制定具体的行动方案。

（2）数字化应急预案可以根据事态的发展演变及时进行动态调整，提供尽量详尽的步骤和信息，尽量贴近应急真实情况，并将更新过的行动方案迅速通知有关人员和部门。

（3）数字化应急预案不但可以灵活地运用于指挥系统，历次数字化应急预案的积累还可以作为日常培训和演练的依据。

（4）数字化应急预案能够根据真实情况下的行动方案对预案进行修正和调整，使预案的建立、修改、更新、升级更加方便、快捷。

数字化应急预案系统的主要目标在于加快信息传播，提高行动速度，从而改进决策的合理性、科学性。从实质上来说，数字化应急预案系统要完成的工作就是通过加强信息共享，帮助做出正确决策并迅速传达指令，获得及时准确的反馈信息。通过数字化应急预案系统在互联网及办公局域网上的交互平台，下级单位可以及时更新预案数据，上级管理部门通过预案系统检索到最新的预案文本信息及预案的其他周边信息，及时掌握企业、重大危险源和应急预案变化情况，真正实现应急预案的动态化管理。

3. 应急预案的作用是什么？

（1）应急预案确定了应急救援的范围和体系，使应急管理不再无据可依、无章可循。尤其是通过培训和演习，可以使应急人员熟悉自己的任务，具备完成指定任务所需的相应能力，并检验预案和行动程序，评估应急人员的整体协调性。

（2）应急预案有利于做出及时的应急响应，减轻事故后果。应急预案预先明确了应急各方的职责和响应程序，在应急资源等方面进行了先期准备，可以指导应急救援迅速、高效、有序地开展，将事故的人员伤亡、财产损失和环境破坏降到最低限度。

（3）应急预案是各类突发重大事故的应急基础。通过编制应急预案，可以对突发重大事故起到基本的应急指导作用。在此基础上，可以针对特定事故类别编制专项应急预案，并有针对性地开展专项应急准备活动。

（4）应急预案建立了与上级单位和管理部门应急救援体系的衔接。通过编制应急预案，可以确保当发生超过本级应急能力的重大事故时与有关应急机构的联系和协调。

（5）应急预案的编制、评审、发布、宣传、教育和培训，有利于各方了解可能面临的重大事故及其相应的应急措施，有利于促进各方提高风险防范意识和能力。

4. 应急预案的编制原则和要求是什么？

（1）《生产经营单位生产安全事故应急预案编制导则》（GB/T 29639—2020）规定，应急预案的编制应当遵循以人为本、依法依规、符合实际、注重实效的原则，以应急处置为核心，体现自救互救和先期处置的特点，做到职责明确、程序规范、措施科学，尽可能简明化、图表化、流程化。

（2）应急预案的编制应明确应急职责，规范应急程序，细化保障措施，并应当符合下列基本要求：

1）符合有关法律、法规、规章和标准的规定。

2）结合本地区、本部门、本单位的安全生产实际情况。

3）充分考虑本地区、本部门、本单位的危险性分析情况。

4）充分考虑历次应急演练的结果。

5）充分考虑以往事件与事故的原因分析。

6）借鉴行业内的良好作业实践，考虑其他地区、其他公司出现过的事故。

7）应急组织和人员的职责分工明确，并有具体的落实措施。

8）有明确、具体的应急程序和处置措施，并与其应急能力相适应。

9）有明确的应急保障措施，满足本地区、本部门、本单位的应急工作需要。

10）应急预案基本要素齐全、完整，应急预案附件提供的信息准确。

11）应急预案内容与相关应急预案相互衔接。

12）预案中应包含在应急准备、应急响应、应急恢复与事故调查各个阶段的信息沟通与公众信息通报内容。

5. 应急预案的编制步骤是什么?

（1）调查研究。在制定预案之前，应对预案所涉及的区域进行全面调查。调查内容主要包括危险化学品的种类、数量、分布状况，当地的气象、地理、环境和人口分布特点，社会公用设施及救援能力与资源现状等。

（2）危险源评估。在制定预案之前，应组织有关领导和专业人员对危险源进行科学评估，以确定危险源目标，探讨救援对策，为制定预案提供科学依据。

（3）分析总结。对调查得来的各种资料，组织专人进行分类汇总，做好调查分析和总结，为制定预案做好准备。

（4）编制预案。视救援目标的种类和危险度，结合本企业的救援能力，编制相应的应急救援预案。

（5）科学评估。应组织专家对编制的预案进行评审，并经修改完善后，报企业领导审定。

（6）审核实施。预案经企业领导审校批准后，正式颁布实施。

二、应急预案的评审、备案、实施和修订

1. 企业如何开展应急预案的评审、公布和备案工作?

应急预案编制完成后，应进行评审。内部评审由本单位主要负责人组织有关部门和人员进行。外部评审由上级主管部门或地方政府负有安全生产监督管理职责的部门组织审查。评审后，按规定报有关部门备案，并经企业主要负责人签署发布。

2. 企业如何实施应急预案?

应急预案的实施包括开展预案的宣传贯彻，进行预案的培训，落实和检查各有关部门的职责、程序和资源准备，组织预案的演练，定期评审和更新预案等。

根据《生产安全事故应急预案管理办法》的规定，企业实施应急预案应满足以下要求：

（1）企业应当采取多种形式开展应急预案的宣传教育，普及生产安全事故预防、避险、自救和互救知识，提高从业人员安全意识和应急处置技能。

（2）企业应当组织开展本单位的应急预案培训活动，使有关人员了解应急预案内容，熟悉应急职责、应急程序和岗位应急处置方案。应急预案的要点和程序应当张贴在应急地点和应急指挥场所，并设有明显的标志。

（3）企业应当制订本单位的应急预案演练计划，根据本单位的事故预防重点，每年至少组织一次综合应急预案演练或者专项应急预案演练，每半年至少组织一次现场处置方案演练。易燃易爆物品、危险化学品等危险物品的生产、经营、储存、运输单位，矿山、金属冶炼、城市轨道交通运营、建筑施工单位，以及宾馆、商场、娱乐场所、旅游景区等人员密集场所经营单位，应当至少每半年组织一次生产安全事故应急预案演练，并将演练情况报送所在地县级以上地方人民政府负有安全生产监督管理职责的部门。

（4）应急预案演练结束后，应急预案演练组织单位应当对应急预案演练效果进行评价，撰写应急预案演练评价报告，分析存在的问题，并对应急预案提出修订意见。

3. 应急预案在什么情况下应当及时修订？

根据《生产安全事故应急预案管理办法》第三十六条的规定，有下列情形之一的，应急预案应当及时修订并归档：

（1）依据的法律、法规、规章、标准及上位预案中的有关规定发生重大变化的。

（2）应急指挥机构及其职责发生调整的。

（3）安全生产面临的风险发生重大变化的。

（4）重要应急资源发生重大变化的。

（5）在应急演练和事故应急救援中发现需要修订预案的重大问题的。

（6）编制单位认为应当修订的其他情况。

三、应急演练及评估

1. 生产安全事故应急演练的目的是什么？

根据《生产安全事故应急演练基本规范》（AQ/T 9007—2019）的规定，应急演练的目的在于验证预案的可行性及符合实际情况的程度。

（1）检验预案。发现应急预案中存在的问题，提高应急预案的针对性、实用性和可操作性。

（2）完善准备。完善应急管理标准、制度，改进应急处置技术，补充应急装备和物资，提高应急能力。

（3）磨合机制。完善应急管理部门、相关单位和人员的工作职责，提高协调配合能力。

（4）宣传教育。普及应急管理知识，提高参演和观摩人员风险防范意识和自救互救能力。

（5）锻炼队伍。熟悉应急预案，提高应急人员在紧急情况下妥善处置事故的能力。

（6）通过演练可以发现预案中存在的问题，为修正预案提供实际资料。尤其是通过演习后的讲评、总结，可以暴露预案中未曾考虑的问题，找出改正的建议，从而提高预案质量。

2. 应急演练的基本要求和内容是什么？

（1）基本要求。应急演练是一项复杂的系统工程，为了使演练达到预期效果，演练计划必须细致周密，要把各级应急救援力量和应该配备的器材组成统一的整体。

（2）基本内容。应急演练的基本内容是根据演练的任务要求和规模确定的。一般应考虑的内容如下：各演练活动时间顺序合乎逻辑性，各演练单位相互支援、配合及协调程度，系统运行情况，厂内应急情景，急救与医疗，厂内洗消，染毒空气监测与化验，事故区清点人数及人员控制，防护指导，通信及报警信号联络，各种标志布设，交通控制及交通道口的管理，治安工作，演练资料汇总，演练总结。

3. 应急演练的类型有哪些?

应急演练按演练的形式分为桌面演练和实战演练。

（1）桌面演练。桌面演练是由应急组织的代表或关键岗位人员参加，按照应急预案及其标准工作程序讨论紧急情况时应采取的行动的演练活动。桌面演练的特点是对演练情景进行口头演练，一般是在会议室内举行。其主要目的是锻炼参演人员解决问题的能力，以及解决应急组织相互协作和职责划分的问题。

桌面演练一般仅限于有限的应急响应和内部协调活动，参演人员主要来自本地应急组织，事后一般采取口头评论的形式收集参演人员的建议，并提交一份简短的书面报告，总结演练活动和提出有关改进应急响应工作的建议。桌面演练方法成本较低，主要为实战演练做准备。

（2）实战演练。实战演练是指针对某项应急响应功能或其中某些应急响应行动举行的演练活动，主要目的是针对应急响应功能，检验应急人员以及应急体系的策划和响应能力。例如，针对指挥和控制功能的演练，其目的是检测、评价政府多个部门在紧急状态下实现集权式运行和响应的能力，演练地点主要集中在若干应急指挥中心或现场指挥部，并开展有限的现场活动，调用有限的外部资源。

实战演练比桌面演练规模要大，需动员更多的应急人员和机构，因而协调工作的难度也随着更多组织的参与而加大。

4. 实战演练的工作程序有哪些?

（1）全体演练单位及观摩人员集中到指定区域待命。

（2）报警：发生化学品应急事故，向应急指挥部报告。

（3）应急指挥部下达启动相应应急预案的指令。

（4）交通治安管理组进行交通管制，设置警戒区域，除应急抢险人员和车辆外，其他人员和车辆不得进入。对灾区实施治安巡逻，保障灾区安全。

（5）应急抢险组发出警报信息，紧急通知危险区域的人员按原定的路线有序安全转移；组织应急小分队火速赶往灾区，按照原定的编制序列目标任务快速赶到事故区域实施抢救，迅速将事故区域人员和物资有序安全地撤离到各安置点。

（6）事故调查监测组继续跟踪监测事故情况，有情况及时报告。

（7）医疗卫生组组织医疗卫生紧急抢救队伍进入事故区域，进行伤病员的抢救及转移工作。

（8）后勤物资保障组负责转移到各临时安置点的灾民安置工作，确保救灾抢险指挥的通信与网络畅通。

（9）做好撤离、应急抢救、交通治安、后勤保障、医疗卫生和事故调查监测等应急演练的各项记录。

（10）由应急总指挥宣布演练结束。

5. 应急演练计划应如何制订？

企业主要负责人负责应急演练计划组织制订，并监督实施。

（1）需求分析。全面分析和评估应急预案、应急职责、应急处置工作流程和指挥调度程序、应急技能、应急装备和物资的实际情况，提出需通过应急演练解决的问题，有针对性地确定应急演练目标，提出应急演练的初步内容和主要科目。

（2）明确任务。确定应急演练的事故情景类型、等级、发生区域、演练方式，以及参演单位应急演练各阶段主要任务、应急演练实施的拟定日期。

（3）制订计划。根据需求分析及任务安排组织人员编制演练计划文本。

6. 应急演练的准备内容有哪些？

根据《生产安全事故应急演练基本规范》（AQ/T 9007—2019）的规定，应急演练准备内容主要如下：

（1）成立演练组织机构。综合演练通常应成立演练领导小组，负责演练活动筹备和实施过程中的组织领导工作，审定演练工作方案、演练工作经费、演练评估总结以及其他需要决定的重要事项。演练领导小组下设策划与导调组、宣传组、保障组、评估组。根据演练规模大小，其组织机构可进行调整。

（2）编制文件。主要编写工作方案、演练脚本、评估方案、观摩方案、观摩手册、宣传方案等。

（3）做好演练工作保障，包括人员、经费、物资、安全、通信保障等相关事项。

7. 应急演练评估方案的内容有哪些？

（1）演练信息：目的和目标情景描述，应急行动与应对措施简介。

（2）评估内容：各种准备、组织与实施、效果。

（3）评估标准：各环节应达到的目标评判标准。

（4）评估程序：主要步骤及任务分工。

（5）附件：所需要用到的相关表格。

8. 应急演练工作总结报告内容有哪些？

应急演练结束后，演练组织单位应根据演练记录、演练评估报告、应急预案现场总结材料，对演练进行全面总结并形成演练书面总结报告。报告可对应急演练准备、策划工作进行简要总结分析。主要负责人对演练总结报告进行审批，监督演练存在问题的整改落实。应急演练总结报告的主要内容如下：

（1）演练基本概要：演练的组织及承办单位、演练形式、演练模拟的事故名称、发生的时间和地点、事故过程的情景描述、主要应急行动等。

（2）演练评估过程：演练评估工作的组织实施过程和主要工作安排。

（3）演练情况分析：依据演练评估表格的评估结果，从演练的准备及组织实施情况、参演人员表现等方面具体分析好的做法和存在的问题以及演练目标的实现、演练成本效益分析等。

（4）改进的意见和建议：对演练评估中发现的问题提出整改的意见和建议。

（5）评估结论：综合评价演练工作，并给出优（无差错地完成了所有应急演练内容）、良（达到了预期的演练目标，差错较少）、中（存在明显缺陷，但没有影响实现预期的演练目标）、差（出现了重大错误，演练预期目标受到严重影响，演练被迫中止，造成应急行动延误或资源浪费）等评估结论。

应急演练活动结束后，演练组织单位应将应急演练工作方案、应急演练书面评估报告、应急演练总结报告等文字资料以及记录演练实施过程的相关图片、视频、音频资料归档保存。

思考题

1. 危险化学品企业如何组织编制应急救援预案？
2. 请撰写一份您参加过的危险化学品事故应急救援演练的评估总结。

第二节　应急救援体系的建立及运行

一、应急救援体系

1. 应急救援体系的基本构成是什么？

应急救援体系是指在风险事件（突发事件、事故）发生的紧急状态下，为尽可能消除、减少或降低其可能带来的各种损失，针对人们的组织管理活动等所制定的一系列相互联系或相互作用的要求而形成的有机统一整体。由于潜在的重大事故风险多种多样，相应每一类风险事件的应急救援措施可能千差万别，但其基本应急模式是一致的。构建应急救援体系，应贯彻顶层设计和系统论的思想，以事件为中心，以功能为基础，分析和明确应急救援工作的各项需求，在应急能力评估和应急资源统筹安排的基础上，科学地建立规范化、标准化的应急救援体系，保障各级应急救援体系的统一和协调。一个完整的应急救援体系应由组织体制、运作机制、法制基础和应急保障系统 4 个部分构成，如图 5-1 所示。

（1）组织体制。应急救援体系组织体制建设中的管理机构是指维持应急日常管理的负责部门；功能部门包括与应急救援活动有关的各类组织机构，如消防、医疗机构等；指挥中心是在应急预案启动后，负责应急救援活动场外与场内指挥的系统；救援队伍由专业人员和志愿人员组成。

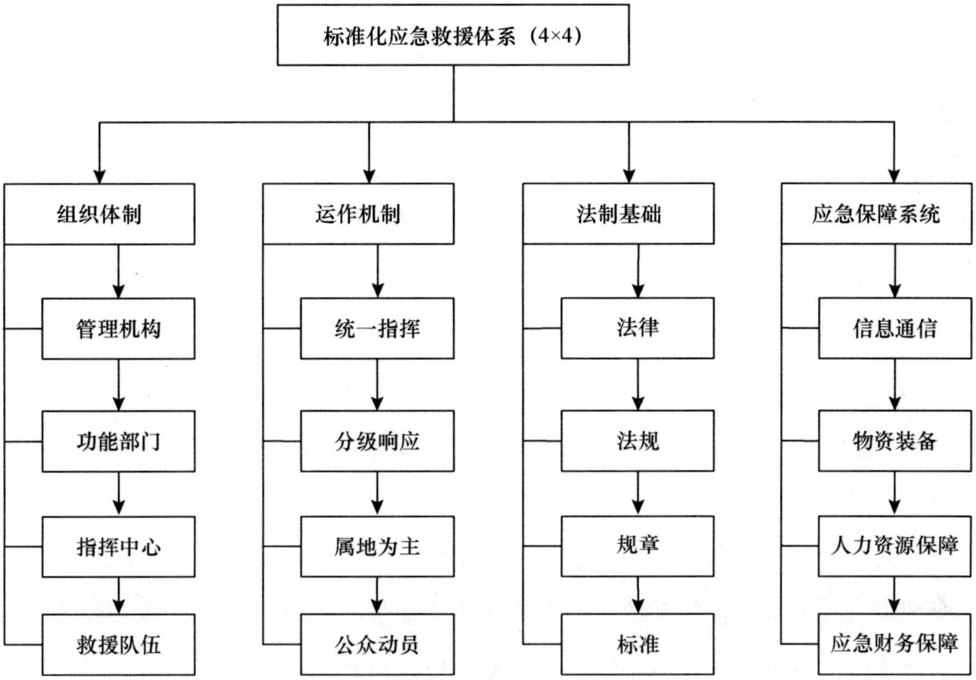

图 5-1 应急救援体系的基本内容

（2）运作机制。应急救援活动一般划分为应急准备、初期反应、扩大应急和应急恢复 4 个阶段，运作机制与这 4 个阶段的应急活动密切相关。应急运作机制主要由统一指挥、分级响应、属地为主和公众动员 4 个基本机制组成。统一指挥是应急救援活动的最基本原则。应急指挥一般可分为集中指挥与现场指挥，或场外指挥与场内指挥等。无论采用哪一种指挥系统，都必须坚持统一指挥的原则，尽管应急救援活动涉及单位的行政级别和隶属关系不同，但都必须在应急指挥部的统一组织协调下行动，有令则行，有禁则止，统一号令，步调一致。分级响应是指在初期反应到扩大应急的过程中实行的分级响应机制。扩大或提高应急级别的主要依据是事故的危害程度、影响范围和控制事态能力。影响范围和控制事态能力是扩大应急级别的最基本条件。扩大应急级别主要是提高指挥级别，扩大应急范围等。属地为主，强调“第一反应”的思想和以现场应急、现场指挥为主的原则。公众动员机制是应急机制的基础，也是整个应急救援体系的基础。

（3）法制基础。法制建设是应急救援体系的基础和保障，也是开展各项应急救援活动的依据。我国与应急有关的法律体系可分为 4 个层次：由国家立法机关通过的法律，如《中华人民共和国突发事件应对法》等；由国务院颁布的法规，如《生产安全事故应急条例》；由政府部门颁布的规章，如《突发事件应急预案管理办法》《生产安全事故应急预案管理办法》等；与应急救援活动直接有关的标准或管理办法等，如《生产经营单位生产安全事故应急预案编制导则》（GB/T 29639—2020）。

（4）应急保障系统。列于应急保障系统第一位的是信息通信系统，构筑集中管理的信息通信平台是应急救援体系最重要的基础建设。信息通信系统要保证所有预警、报警、警报、报告、指挥等活动的信息交流快速、顺畅、准确，以及信息资源共享。物资装备系统不但要保证有足够的资源，而且还要实现快速、及时供应到位。人力资源保障系统包括专业队伍的加强、志愿人员以及其他有关人员的培训教育。应急财务保障系统应建立专项应急科目，如应急基金等，以保障应急管理运行和应急反应中各项活动的开支。

2. 事故应急救援的原则和任务是什么？

事故应急救援的基本原则是预防为主、统一协调、迅速有效。即在预防为主的情况下，实行统一指挥、分级负责、区域为主、单位自救和社会救援相结合。事故发生的突然性、发生后的迅速扩散性以及波及范围广的特点，决定了应急救援行动必须迅速、准确、有序和有效。因此，救援工作实行在企业主要负责人统一指挥下的分级负责制，以区域为主，根据事故的发展情况，采取单位自救与社会救援相结合的方式，能够充分发挥事故单位及所在地区的优势和作用。

事故应急救援的基本任务如下：

（1）抢救受害人员。抢救受害人员是事故应急救援的重要任务。在救援行动中，及时、有序、科学地实施现场抢救和安全转送伤员对挽救受害人员的生命、稳定病情、减小伤残率以及减轻受害人员的痛苦等具有重要的意义。

（2）控制危险源。及时有效地控制造成事故的危险源是事故应急救援的重要任务。只有控制了危险源，防止事故进一步扩大和发展，才能及时有效地实施救援行动。

（3）指导群众防护，组织群众撤离。应及时指导和组织群众采取各种措施进行自身防护，并迅速撤离危险区域或可能发生危险的区域。在撤离过程中，积极开展群众自救与互救工作。

（4）消除事故危害后果。针对事故对人体、土壤、水源、空气等造成的现实危害和可能危害，迅速采取封闭、隔离、洗消等措施。对事故外溢的有毒有害物质和可能对人及环境继续造成危害的物质，应及时组织人员进行清除。对危险化学品造成的危害进行监测与监控，并采取适当的措施直至符合国家环境保护标准。

（5）查清事故原因，评估危害程度。事故发生后应及时调查事故的发生原因和事故性质，估算出事故的波及范围和危险程度，查明人员伤亡情况，做好事故调查。

为了保证事故应急救援任务的完成，化工企业应建立本单位的救援组织机构，明确救援执行部门和专用电话，制定救援协作网，疏通纵横关系，以提高应急救援行动中协同作战的效能，便于做好事故自救。

二、应急响应

1. 如何建立应急响应机制？

应急救援体系应根据事故的性质、严重程度、事态发展趋势和控制能力实行分级响应机制，对不同的响应级别，相应地明确事故的通报范围、应急中心的启动程度、应急力量的出动以及设备和物资的调集规模、疏散的范围、应急总指挥的职位等。

典型的响应通常可分为以下 3 级：

（1）一级紧急情况（Ⅰ级响应）。必须利用所有有关部门及一切资源的紧急情况，或者需要各个部门同外部机构联合处理的各种紧急情况，通常要宣布进入紧急状态。在该级别中，做出主要决定的通常是紧急事务管理部门，即企业的现场应急指挥部。现场应急指挥部可在现场做出保护生命和财产以及控制事态所必需的各种决定。

（2）二级紧急情况（Ⅱ级响应）。需要两个或更多个部门响应的紧急情况。该事故的救援需要有关部门的协作，并且提供人员、设备或其他资源。该级响应需要成立现场应急指挥部来统一指挥现场的应急救援行动。

（3）三级紧急情况（Ⅲ级响应）。可用一个部门正常可利用的资源处理的紧急情况。正常可利用的资源指在该部门范围内通常可以利用的应急资源，包括人力和物力等。必要时，该部门可以建立现场应急指挥部，所需的后勤支持、人员或其他资源增援由本部门负责解决。

2. 事故应急响应程序包括哪些内容？

企业主要负责人在事故发生后，按照发生事故等级要求进行信息报告、预警及响应启动等相关工作。响应程序如下：

（1）信息报告

1）信息接报。明确应急值守电话，事故信息接收和内部通报的程序、方式和责任人，向上级主管部门、上级单位报告事故信息的流程、内容、时限和责任人，以及向本单位以外的有关部门或单位通报事故信息的方法、程序和责任人。

2）信息处置与研判。明确响应启动的程序和方式。根据事故性质、严重程度、影响范围和可控性，结合响应分级明确的条件，可由应急领导小组做出响应启动的决策并宣布，或者依据事故信息是否达到响应启动的条件自动启动。若未达到响应启动条件，应急领导小组可做出预警启动的决策，做好响应准备，实时跟踪事态发展。响应启动后，应注意跟踪事态发展，科学分析处置需求，及时调整响应级别，避免响应不足或过度响应。

（2）预警

1）预警启动。明确预警信息发布渠道、方式和内容。

2）响应准备。明确做出预警启动后应开展的响应准备工作，包括队伍、物资、装备、后勤及通信。

3）预警解除。明确预警解除的基本条件、要求及责任人。

（3）响应启动。确定响应级别，明确响应启动后的程序性工作，包括应急会议召开、信息上报、资源协调、信息公开、后勤及财力保障工作。根据预警分析确定响应级别，应急响应过程包括报警、接警、警情判断、应急启动、救援行动、资源调配、事态控制、应急结束、应急恢复等。

（4）应急处置。明确事故现场的警戒疏散、人员搜救、医疗救治、现场监测、技术支持、工程抢险及环境保护方面的应急处置措施，并明确人员防护的要求。应急处置应以“救人第一”“防止扩散第一”“先控制，后处理”为原则，避免生产装置、储罐、管道破裂造成事故进一步扩大。

（5）应急支援。在事态无法控制的情况下，明确向外部（救援）力量请求支援的程序及要求、联动程序及要求，以及外部（救援）力量到达后的指挥关系。外部（救援）力量到达，企业主要负责人安排专人对外部（救援）力量进行路线指引，向外部（救援）力量报告事故概况、现场救援等情况，并移交指挥权。

（6）响应终止。明确响应终止的基本条件、要求和责任人。响应终止条件包括：事故发生的条件已经消除，损坏的设备设施已和系统断开，无次生、衍生灾害发生的可能，确认现场人员全部撤离现场，事故现场清理完毕。

3. 如何建立应急响应程序？

事故应急响应程序按过程可分为接警、响应级别确定、应急启动、救援行动、应急恢复、应急结束等几个阶段，如图 5-2 所示。

（1）接警、响应级别确定。接到事故报警后，按照工作程序，对警情做出判断，初步确定相应的响应级别。如果事故不足以启动应急救援体系的最低响应级别，则响应关闭。

（2）应急启动。应急响应级别确定后，按所确定的响应级别启动应急程序，如通知应急中心有关人员到位，开通信息与通信网络，通知调配救援所需的应急资源（包括应急队伍和物资、装备等），成立现场应急指挥部等。

（3）救援行动。有关应急队伍进入事故现场后，迅速开展事故侦测、警戒、疏散、人员救助、工程抢险等有关应急救援工作，专家组为救援决策提供建议和技术支持。当事态超出响应级别而无法得到有效控制时，向应急中心请求实施更高级别的应急响应。

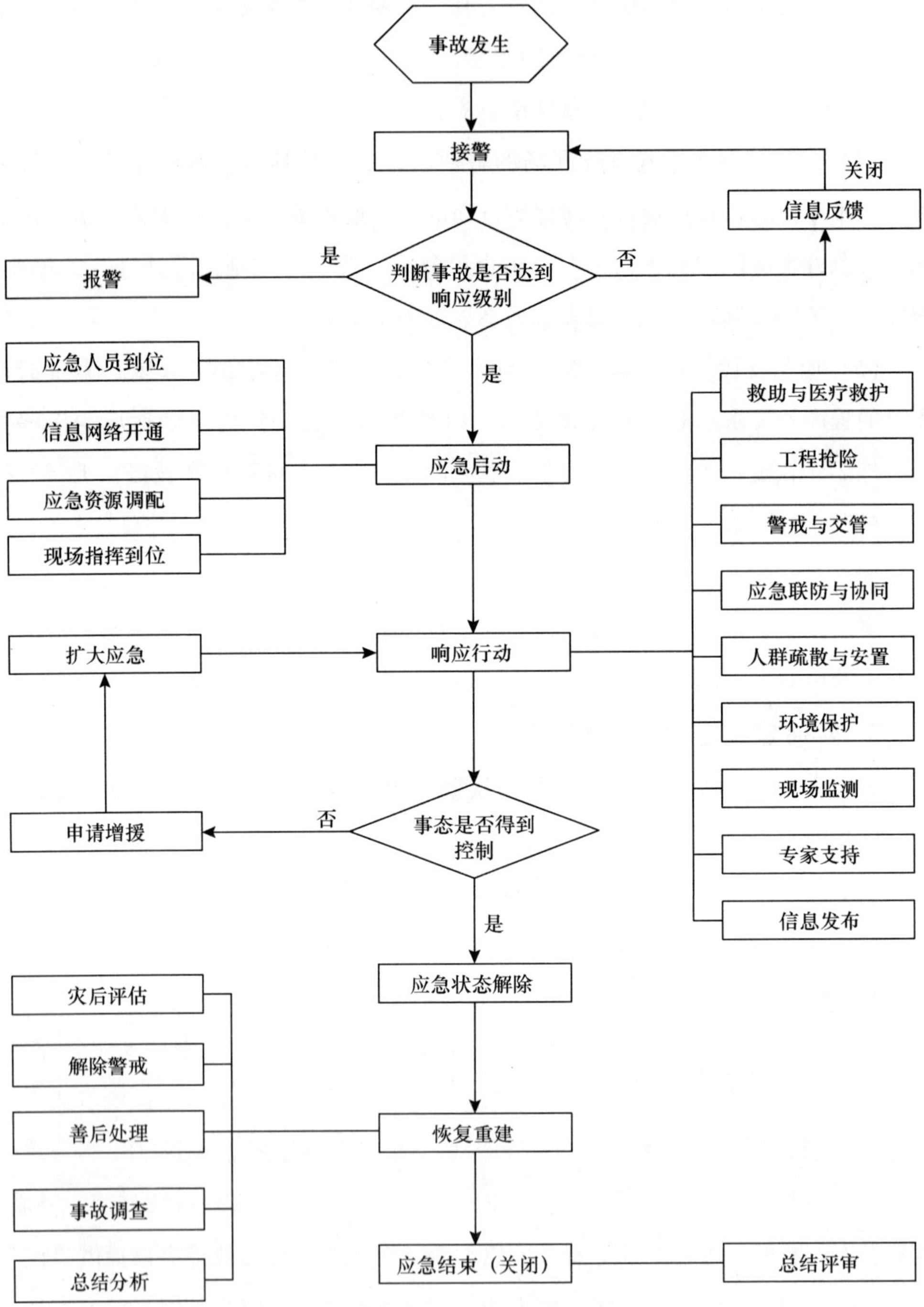

图 5-2　事故应急救援体系响应程序

（4）应急恢复。救援行动结束后，进入临时应急恢复阶段。该阶段主要包括现场清理、人员清点和撤离、警戒解除、善后处理和事故调查等。

（5）应急结束。执行应急关闭程序，由事故总指挥宣布应急结束。

4. 发生生产安全事故后，企业应及时采取哪些应急响应措施?

发生生产安全事故后，企业主要负责人应当根据确定的响应级别，采取以下应急响应措施：

（1）迅速控制危险源，组织抢救受害人员。

（2）根据事故危害程度，组织现场人员撤离或者采取可能的应急措施后撤离。

（3）及时通知可能受到事故影响的单位和人员。

（4）采取必要措施，防止事故危害扩大和次生、衍生灾害发生。

（5）根据需要请求邻近的应急救援队伍参加救援，并向参加救援的应急救援队伍提供相关技术资料、信息和处置方法。

（6）维护事故现场秩序，保护事故现场和相关证据。

三、应急授权

1. 异常工况处理授权决策机制建立的目的是什么?

当化工生产过程中出现可能危及人身安全的异常工况时，第一时间发现问题的往往是现场作业人员。有的异常工况处理非常紧急，容不得现场作业人员请示上级领导、逐级许可，时间的拖延可能会导致情况变得更加复杂严峻。为避免这一情况出现，《危险化学品企业安全风险隐患排查治理导则》要求企业主要负责人应组织建立一套应急处理机制，并授权相关人员在出现某些异常工况时，立即采取决断措施实施停车并紧急撤离。

《中华人民共和国安全生产法》第五十五条明确规定，从业人员发现直接危及人身安全的紧急情况时，有权停止作业或者在采取可能的应急措施后撤离作业场所。生产经营单位不得因从业人员在紧急情况下停止作业或者采取紧急撤离措施而降低其工资、福利等待遇或者解除与其订立的劳动合同。此规定一方面是对既有法律条文的细化落实，另一方面也是对事故教训的吸取。河南三门峡义马气化厂“7·19”爆燃事故暴露出企业异常工况下的处置决策机制存在偏差，最终酿成重大事故。

危险化学品企业应对此给予足够重视，尤其是机构设置相对复杂的中央企业或大集团、大公司，此种现象较多。应避免在紧急状态下层层报告、层层审批，错过最佳处理时机。需要注意的是，异常工况处理授权机制的建立，应在充分分析论证企业各装置、各部位可能发生的风险及后果评估、紧急处置后造成的影响范围的基础上实施，明确风险等级和授权范围。机制内容可以体现在企业的应急预案中，也可以单独制定管理规定。

2. 如何建立异常工况处理授权决策机制？

企业建立异常工况处理授权决策机制包括以下几个方面的内容：要建立授权决策的制度，明确需要授权决策的状况、被授权者岗位及职责等相关规定；要根据需要授权的工况及被授权岗位，编制详细的应急处置预案及处置程序，明确各工序之间的协同联动机制；要加强针对机制运行有效性的定期演练及检验；要树立正确的安全发展理念，并能将之落实到实际行动中。企业只有做好上述几项工作并确保有效运行，才能够真正建立异常工况处理授权决策机制。异常工况处理授权决策机制的建立需要考虑以下几个要素：

（1）异常工况处理的时效性

1）异常着火情况。

2）危险化学品泄漏情况。

3）可能引起系统性风险的超温、超压等异常工况，尤其是涉及重点监管工艺的重点监控参数异常情况。

4）可能引起重大风险或造成系统性风险的关键、核心设备故障情况。

5）可能引起系统性异常的电力系统故障情况。

6）可能引起系统性风险的公用介质供给中断或者剧烈波动情况。

（2）异常工况处理的系统性。化学工业是流程工业，工序复杂，衔接紧密，整体性强。尤其是当下高端化、规模化、自动化程度日渐提高，某一环节出现异常工况或者异常工况不能够科学有效处理，都可能影响企业的整体安全，甚至带来衍生危害。所以，系统性处理是异常工况有效管控的又一必须考虑的因素，要明确建立有效的研判及沟通联动处理机制，在异常工况处理过程中，明确以下内容：

1）异常工况信息的及时发现及向可能波及工序的快速流转。

2）强化生产调度指挥系统的协调指挥与信息传递作用。

3）异常工况波及的工序的联动监控及应对。

（3）异常工况处理的实操性。为了确保异常工况能够被有效快速管控，满足时效性及系统性管控要求，就必须建立切实可行的应急管控操作程序。

1）企业要结合可能出现的异常工况及被授权岗位，编制完善应急处置预案及处置程序，在应急处置预案及处置程序中明确信息流转、应急指挥及管控步骤，尽量做到管控超前、系统联动、措施有效。

2）加强异常工况处理的日常演练。企业应建立对机制运行有效性的定期检验机制，并通过日常培训、实操演练、应急模拟、应急实训来实现。在制定好应急处置预案和处置程序后，应该进行全员培训教育，尤其是对被授权人处理能力的培训与检验。

3. 异常工况下，如何层层授权应急处置？

异常工况处理授权是企业主管生产的负责人授权下属生产管理部门乃至生产岗位人员果断处置紧急情况。当某独立系统或装置突发异常工况，需要采取紧急措施予以处置时，为满足靠前处置要求，应该授予装置当班班长处置决策权，但必须要及早将处置信息向调度指挥系统报告，便于信息及时流转及上一级机构作出准确研判。

建立异常工况下的应急授权机制，就是要在小隐患出现初期，使最初发现隐患的人员采取果断措施进行处置，避免演化为大事故，造成重大损失。建立应急授权机制还要求承担生产运行决策权的企业主要负责人认真分析评估各生产装置、各重点场所存在的风险、可能发生的事故类型及带来的后果严重度情况，并授权可以实施应急处置的岗位级别，保证在隐患出现初期就消除隐患。同时，企业应量化应急授权条件，建立从主要负责人到生产班组长的层层授权机制，确保在第一时间能够采取断然措施，避免恶性事故发生。

四、应急处置

1. 应急处置的基本原则是什么？

开展危险化学品事故应急处置工作时，需要充分考量危险化学品的实际应用情况等。

（1）危险化学品本身的危险性较高，实际应急处置工作需要秉持生命第一的原则，最大限度减少人员伤亡。具体来讲，当出现危险化学品泄漏情况时，需要考量现场人员，包括实际受到侵害的人员和消防救援人员，将生命安全摆在首要位置，在应急救援的同时，避免人员伤害。一些危险化学品事故难以在第一时间处理，就不能派遣救援人员到达现场进行处置工作，避免救援人员受到伤害。如果现场有生命迹象，需要及时进行危险化学品事故处置工作，将救人放在首要位置。

（2）危险化学品事故应急处置，应尽可能地降低危险化学品对救援现场环境的影响。危险化学品本身具有一定的危险性，出现泄漏事故时，会对现场环境造成诸多不良影响。为切实避免危险化学品的危害范围不断扩大，甚至造成次生伤害，应当做好预防处置工作，有效控制危险化学品危害范围。

（3）合理把控事故现场，避免出现救援现场一团糟的情况。危险化学品事故处置危险性高，在实际处置工作中，需要工作人员结合处置现场实际情况，灵活制定处置方案、协调分工，使各个部门都能够更加高效地展开应急处置工作。

2. 事故现场应急处置包括哪些内容？

在发生泄漏、火灾、爆炸和环境污染等化工事故的现场，正确、及时、有效地实施应急抢险和救援工作，是控制事故、减少损失的关键。现场应急处置工作内容包括以下几个方面：

（1）设立警戒区域。事故发生后，应根据化学品泄漏扩散的情况或火焰热辐射所涉及的范围建立警戒区域，并在通往事故现场的主要干道上实行交通管制。建立警戒区域时应注意以下几点：

1）警戒区域的边界应设警示标志，并有专人进行警戒。

2）除消防、应急处置人员以及必须坚守岗位的人员外，其他人员禁止进入警戒区域。

3）泄漏溢（逸）出的化学品为易燃品时，区域内应严禁火种。

（2）紧急疏散。迅速将警戒区域及污染区域内与事故应急处置无关的人员撤离，以减少不必要的人员伤亡。紧急疏散时应注意以下几点：

1）如果事故物料有毒，需要佩戴个体防护装备或采取简易有效的防护措施，并有相应的监护措施。

2）应向上风向或侧上风向转移，明确专人引导和护送疏散人员到安全区域，并在疏散或撤离的路线上设立哨位，指明方向。

3）不要在低洼处滞留。

4）要查清是否有人留在污染区域和着火区域。

（3）根据事故物料的毒性及划定的危险区域，确定相应的防护等级，并根据防护等级按标准配备相应的个体防护装备。

（4）询情和侦检处置

1）询问受害人员情况，容器储量、泄漏量、泄漏时间、部位、形式、扩散范围、周边单位及居民、地形、电源、火源等情况，消防设施、工艺措施、到场人员处置意见。

2）使用检测仪器测定泄漏物质、浓度、扩散范围。

3）确认设施、建（构）筑物险情及可能引发燃烧、爆炸的各种危险源，确认消防设施运行情况。

3. 事故现场应急处置的对策是什么？

（1）火灾、爆炸事故应急处置对策

1）扑灭现场明火应坚持先控制、后扑灭的原则。依据危险化学品性质、火灾大小采用冷却、堵截、突破、夹攻、合击、分割、围歼、破拆、封堵、排烟等方法进行控制与灭火。

2）根据危险化学品特性，选用正确的灭火剂。禁止用水、泡沫等含水灭火剂扑救遇湿易燃物品火灾；禁用直流水冲击扑灭粉末状、易沸溅危险化学品火灾；禁用沙土盖压扑灭爆炸品火灾；宜使用低压水流或雾状水扑灭腐蚀品火灾，避免腐蚀品溅出；禁止对液态轻烃强行灭火。

3）有关生产部门监控装置工艺变化情况，做好应急状态下生产方案的调整和相关装置的生产平衡，优先保障应急救援所需的水、电、汽、交通运输车辆和工程机械。

4）根据现场情况和预案要求，及时决定有关设备、装置、单元或系统紧急停车，避免事故扩大。

（2）泄漏事故应急处置对策

1）控制泄漏源，具体措施如下：

①在生产过程中发生泄漏，事故单位应根据生产和事故情况，及时采取控制措施，防止事故扩大。可采取停车、局部打循环、改走副线或降压堵漏等措施。

②在其他储存、使用等过程中发生泄漏，应根据事故情况，采取转料、套装、堵漏等控制措施。

2）控制泄漏物，具体措施如下：

①泄漏物控制应与泄漏源控制同时进行。

②对气体泄漏物可采取喷雾状水、释放惰性气体、加入中和剂等措施，降低泄漏物的浓度或燃爆危害。喷水稀释时，应筑堤收容产生的废水，防止水体污染。

③对液体泄漏物可采取容器盛装、吸附、筑堤、挖坑、泵吸等措施进行收集、阻挡或转移。若液体具有挥发性及可燃性，可用适当的泡沫覆盖泄漏液体。

（3）中毒、窒息事故应急处置对策

1）立即将中毒者转移至上风向或侧上风向空气无污染区域，并进行紧急救治。

2）经现场紧急救治，伤势严重者立即送医院救治。

（4）其他应急处置要求

1）现场指挥人员发现危及人身安全的紧急情况，应迅速发出紧急撤离信号。

2）若因火灾、爆炸引发泄漏、中毒事故，或因泄漏引发火灾、爆炸事故，应统筹考虑优先采取保障人员生命安全、防止灾害扩大的救援措施。

3）维护现场救援秩序，防止救援过程中发生车辆碰撞、车辆伤害、物体打击、高处坠落等事故。

思考题

1. 事故发生后，企业应如何积极开展事故应急响应？
2. 对不同的事故情景，企业应如何有针对性地开展应急处置？
3. 危险化学品企业应如何加强应急救援能力建设？

第三节　典型事故应急处置

1. 气体类危险化学品泄漏现场应急处置要点有哪些？

（1）进入现场必须选择正确的行车路线、停车位置、作战阵地。

（2）易燃气体泄漏时，要注意以下几点：

1）应严格控制危险区域内的一切火源。

2）应严格控制进入重危区域内实施抢险作业的人员数量。

3）严禁应急人员在泄漏区域下水道等地下空间顶部、井口处滞留。

（3）谨慎使用点火方法，遇到下列情况时方可采用：

1）泄漏扩散将会引起更严重的灾害性后果时。

2）顶部受损泄漏，堵漏无效时。

3）槽车在人员密集区域泄漏，无法转移和堵漏时。

4）泄漏浓度有限（浓度小于爆炸下限的30%）、范围较小时。

（4）确认使用点火方法时，应做好以下准备：

1）确认危险区域内人员已撤离。

2）灭火、掩护、冷却等防范措施准备就绪。

3）现场设有或安装排空火炬。

点火方法：铺设导火索（绳）点燃（在安全区域内操作），使用长杆点燃（在上风方向，穿着避火服，水枪掩护等，仅适用于放空点燃），抛射火种点燃（在上风向安全区域内使用信号枪、曳光弹等操作），使用电打火器点燃（在安全区域内操作）。

（5）严密监视危险化学品液相流淌和气相扩散情况，防止灾情扩大。

（6）注意风向变换，适时调整部署。

（7）慎重发布灾情和相关新闻。

2. 气体类危险化学品燃烧、爆炸事故现场处置要点有哪些？

（1）进入现场必须选择正确的行车路线、停车位置、作战阵地。

（2）冷却要均匀、连续。

1）冷却尽可能使用固定式水炮、带架水枪、自动摇摆水枪（炮）和遥控移动炮。

2）冷却强度应不小于 $0.2\ L/(s \cdot m^2)$。

3）冷却时严禁向火焰喷射口射水，防止燃烧加剧。

（3）不准盲目灭火，防止引发二次爆炸。当储罐火灾现场出现罐体震颤、啸叫、火焰由黄变白、温度急剧升高等爆炸征兆时，指挥人员应果断下达紧急避险命令，应急人员应迅速撤出或隐蔽。

（4）严禁应急人员在泄漏区域下水道等地下空间顶部、井口处滞留。

（5）严密监视液相流淌、气相扩散情况，防止灾情扩大。

（6）注意风向变换，适时调整部署。

（7）慎重发布灾情和相关新闻。

3. 液体类危险化学品泄漏事故现场处置要点有哪些？

（1）进入现场必须选择正确的行车路线、停车位置、作战阵地。

（2）视情况做好以下泄漏物收容工作：

1）少量残液用干沙土、水泥、煤灰、干粉等吸附，收集后作技术处理或酌情倒至空旷地方掩埋。对与水反应或溶于水的泄漏物，也可酌情直接使用大量水稀释，污水排入废水系统。

2）大量残液用防爆泵抽吸或使用无火花容器收集，集中处理。

3）在污染地面上洒中和剂或洗涤剂浸洗，然后用大量直流水清扫现场，特别是低洼、沟渠等处，确保不留残液。

（3）易燃液体泄漏时，一切处置行动自始至终必须严防引发爆炸。

（4）严密监视液体流淌情况，防止灾情扩大。

（5）注意风向变换，适时调整部署。

（6）慎重发布灾情和相关新闻。

4. 液体类危险化学品燃烧、爆炸事故现场处置要点有哪些?

（1）进入现场必须选择正确的行车路线、停车位置、作战阵地。灭火方法包括以下几种：

1）关阀断料法：关阀断料，熄灭火源。

2）泡沫覆盖法：向燃烧罐（桶）和地面流淌火喷射泡沫覆盖灭火。

3）固体物质覆盖法：使用干沙土、水泥、煤灰等覆盖灭火。

4）干粉抑制法：视燃烧情况使用车载干粉炮、胶管干粉枪、推车或手提式干粉灭火器灭火。

（2）严密监视液体流淌情况，防止灾情扩大，用干沙土、水泥、煤灰等围堵或导流，防止泄漏物向重要目标或危险源流散。

（3）向泄漏点、主火点进攻之前，应将外围火点彻底扑灭。扑灭流淌火灾时，泡沫覆盖要充分到位，并防止回火或复燃。

（4）着火储罐或装置出现爆炸征兆时，应急人员应果断撤离。

（5）注意风向变换，适时调整部署。

（6）慎重发布灾情和相关新闻。

5. 固体类危险化学品泄漏事故现场处置要点有哪些?

（1）进入现场必须选择正确的行车路线、停车位置、作战阵地。视情况做好以下泄漏物收容工作：

1）少量物品泄漏，小心扫起，收集于专用密封桶或干净、有盖的容器中。对与水反应或溶于水的物品，可酌情直接使用大量水稀释，污水排入废水系统。

2）大量物品泄漏，先用塑料布、帆布等覆盖，减少飞散，然后尽可能回收，恢复原状。若完全回收有困难，可收集后运至废物处理场所处理。

（2）可燃物泄漏时，应消除现场一切可能引发燃烧、爆炸的点火源。

（3）注意风向变换，适时调整部署。

（4）慎重发布灾情和相关新闻。

6. 固体类危险化学品燃烧、爆炸事故现场处置要点有哪些?

（1）进入现场必须选择正确的行车路线、停车位置、作战阵地。灭火方法包括以下几种：

1）固体物质覆盖法：使用干沙土、水泥、煤灰等覆盖灭火。

2）干粉抑制法：使用车载干粉炮（枪）或干粉灭火器灭火。

3）泡沫覆盖法：对与水不反应的物品，使用泡沫覆盖灭火。

4）用水强攻灭疏结合法：对与水反应的物品火灾，一般不能用水直接扑救，但在有限空间内（如货运船），桶装堆垛中因固体泄漏引发火灾，在使用干粉、沙土等灭火难以奏效的情况下，可直接出水强攻，边灭火，边冷却，边疏散，加快泄漏物反应，直至火焰熄灭。

（2）对大量泄漏并与水反应的物品火灾，不得使用水、泡沫扑救。

（3）对粉末状物品火灾，不得使用直流水冲击灭火。

（4）注意风向变换，适时调整部署。

（5）慎重发布灾情和相关新闻。

思考题

1. 如何扑救危险化学品事故火灾？
2. 浅谈一下本企业发生危险化学品泄漏事故后应如何处置。

第四节 事故事件管理及持续改进

一、安全事故事件管理

1. 什么是事故？什么是生产安全事故？

事故是人（个人或集体）在实现某种意图而进行的活动过程中，突然发生的、违反人的意志的、迫使活动暂时或永久停止的事件。事故有两方面的特征：一方面，它是意外发生的（不是计划的，也不是人为预期的）；另一方面，它导致了负面结果，产生了一定的后果。这些后果通常包括人员伤亡、财产损失、环境破坏或生产中断等。事故是一类特殊的事件，所以事故属于事件的范畴。

生产安全事故是指企业在生产经营活动（包括与生产经营有关的活动）中突然发生的，伤害人身安全和健康，或者损坏设备设施，或者造成经济损失，导致原生产经营活动（包括与生产经营有关的活动）暂时中止或永远终止的意外事件。

2. 事故发生具有什么特点？

事故发生存在一个孕育、发展、发生、伤害（损失）的过程，具有因果性、偶然性、必然性、潜伏性、突发性的特点。

（1）因果性：导致事故的原因在系统中相互作用、相互影响，在一定条件下发生突变，即酿成事故。

（2）偶然性：事故发生的时间、地点、形式、规模和事故后果的严重程度是不确定的。

（3）必然性：危险客观存在，生产、生活过程必然会发生事故，采取措施预防事故，只能延长发生事故的时间间隔，而不能杜绝事故。

（4）潜伏性：事故发生之前存在一个量变过程，一个系统很长时间没有发生事故，并不意味着系统是安全的。

（5）突发性：事故一旦发生，往往十分突然，令人措手不及。

引发事故的 4 个基本要素是人的不安全行为、物的不安全状态、环境的不安全条件及管理的缺陷。据统计，在伤亡事故中，因不可抗拒的自然灾害或目前技术还不能解决的问题而造成的事故极少，绝大多数属于责任事故。生产企业的事故中，90%以上的事故发生在基层班组，90%以上的事故是由于人的不安全行为和设备隐患没能及时被发现、消除等造成的。安全技术系统可靠性和人的可靠性不足是事故发生的深层次原因，所以进行危险源辨识、评价、控制是全员、全过程、全方位实施安全管理的重要科学手段。

3. 生产安全事故分类和事故等级是如何划分的?

对事故进行准确、规范的分类，目的在于实现不同口径的事故数据统计，帮助分析各类事故分布趋势，研究事故发生原因。

（1）按照事故后果的严重程度划分。根据事故造成的人员伤亡或直接经济损失，按照《生产安全事故报告和调查处理条例》，事故一般分为以下等级：

1）特别重大事故，是指造成 30 人以上死亡，或者 100 人以上重伤（包括急性工业中毒，下同），或者 1 亿元以上直接经济损失的事故。

2）重大事故，是指造成 10 人以上 30 人以下死亡，或者 50 人以上 100 人以下重伤，或者 5 000 万元以上 1 亿元以下直接经济损失的事故。

3）较大事故，是指造成 3 人以上 10 人以下死亡，或者 10 人以上 50 人以下重伤，或者 1 000 万元以上 5 000 万元以下直接经济损失的事故。

4）一般事故，是指造成 3 人以下死亡，或者 10 人以下重伤，或者 1 000 万元以下直接经济损失的事故。

其中，所称的“以上”包括本数，所称的“以下”不包括本数。

（2）按照事故的责任划分，事故可以分为责任事故和非责任事故。

（3）按照事故发生的专业划分，化工企业事故可分为工艺事故、设备事故、电气事故、仪表事故、公用工程事故、作业事故和车辆事故等。

（4）按照伤害方式划分。《企业职工伤亡事故分类标准》（GB/T 6441—1986）将企业工伤事故分为 20 类，分别为物体打击、车辆伤害、机械伤害、起重伤害、触电、淹溺、灼烫、火灾、高处坠落、坍塌、冒顶片帮、透水、放炮、瓦斯爆炸、火药爆炸、锅炉爆炸、容器爆炸、其他爆炸、中毒和窒息以及其他伤害等。

（5）按照伤害程度划分。事故发生后，根据事故给伤害者带来的伤害程度及其劳动能力丧失的程度，可将事故分为轻伤、重伤、死亡 3 种类型。

1）轻伤事故是指造成职工肢体伤残，或者器官功能性或器质性轻度损伤，表现为劳动能力轻度或暂时丧失的伤害，一般指受伤职工歇工在 1 个工作日以上，计算损失工作日低于 105 日的失能伤害，但够不上重伤者。

2）重伤事故是指造成职工肢体残缺或视觉、听觉等器官受到严重损伤，一般能引起人体长期存在功能障碍，或损失工作日等于和超过 105 日（最多不超过 6 000 日），劳动能力有重大损失的失能伤害。

3）死亡事故是指事故发生后当即死亡（含极性中毒死亡）或负伤后在 30 日以内死亡的事故（其损失工作日定为 6 000 日，这是根据我国职工的平均退休年龄和平均死亡年龄计算出来的）。

此种分类是按伤亡事故造成损失工作日的多少来衡量的，而损失工作日是指受伤害者丧失劳动能力（简称失能）的工作日。各种伤害情况的损失工作日数，按《企业职工伤亡事故分类》（GB/T 6441—1986）中的有关规定计算或选取。

（6）按照事故的类型划分，化工事故可分为泄漏事故、火灾事故、爆炸事故、中毒窒息事故、人身伤害事故等。

（7）按照安全事故受伤性质划分，常见的有电伤、挫伤、割伤、擦伤、刺伤、撕脱伤、扭伤、倒塌压埋伤、冲击伤等。

4. 什么是事件？什么是未遂事件？

事件是指后果没有达到企业规定的事故统计标准的意外情况。

未遂事件是指一个不希望发生的场景，如果情况稍有不同就可能导致伤害或损失事件。未遂事件虽然没有发生人员伤亡、中毒、财产损失、环境破坏或声誉损害，但后果可能导致上述损失。例如，企业工艺操作参数偏离至安全控制范围之外，安全联锁回路启动，这是一起未遂事件。如果操作参数偏离至安全控制范围之外，安全联锁回路未启动，可能就会导致反应失控，进而形成事故。

5. 未遂事件分几类？未遂事件的等级是如何划分的？

（1）未遂事件按照事件主要原因可以分为以下 3 类：

1）人的不安全行为引发的未遂事件。

2）物的不安全状态引发的未遂事件。

3）环境的不安全因素引发的未遂事件。

（2）未遂事件按潜在后果的严重性分为以下两类：

1）一般未遂事件：潜在后果可能导致部门（或子公司）级事故的事件。

2）高危未遂事件：潜在后果可能导致企业级事故的事件。

6. 如何开展安全事故事件管理？

做好安全事故事件管理工作，首要的是建立健全有关规章制度。《关于加强化工过程安全管理的指导意见》（安监总管三〔2013〕88 号）要求，企业要制定安全事件管理制度，加强未遂事故等安全事件（包括生产事故征兆、非计划停车、异常工况、泄漏、轻伤等）的管理。

从安全事故事件的管理角度讲，无论是事故还是事件，都要从事故事件信息上报、原因调查、制定和实施防范措施、事故档案归档、事故教训再教育 5 个环节着手，建立制度，开展工作。

安全事故事件管理的根本目的：一是吸取事故事件教训，防止类似事故发生；二是探索事故发生的规律，掌握安全生产的主动权。企业要全面收集企业和同行业事故信息，定期组织从业人员就有关事故开展研讨，不断警示从业人员。同时，应积极探索企业安全生产规律，指导企业安全生产工作。

目前一些企业存在重事故、轻事件的问题，如对事故管理比较重视，相对“严格”，而对事件重视不够，管理不严格。之所以产生这种情况，是因为事故特别是引起严重伤害或损失的事故，往往场景惨烈、伤亡严重、财产损失大，容易引起人们的重视。当事故没有造成严重后果而成为事件时，人们往往不再重视。

事故的发生都是有一定征兆的。化工企业总会存在一些大大小小的事故隐患，这些隐患如果没有及时消除，根据事故“奶酪”理论，一旦管理防护层的漏洞重合，隐患就会转变为突发事件。大部分突发事件通过及时有效处置或周边环境限制，没有继续扩大成事故而成为安全事件；只有小部分突发事件由于处置不及时或处置不当，而现场又存在事态扩展的条件，而最终发展成为后果严重的安全事故。因此，隐患是事故事件的根源，事件是潜在的事故，预防事故必须从预防和减少事件着手，抓事故管理必须从抓事件管理开始。

对于加强安全事故事件管理，原国家安全监管总局会同工业和信息化部印发的《关于危险化学品企业贯彻落实〈国务院关于进一步加强企业安全生产工作的通知〉的实施意见》（安监总管三〔2010〕186号）明确要求，加强安全事件管理，企业应对涉险事故、未遂事故等安全事件（如生产事故征兆、非计划停工、异常工况、泄漏等），按照重大、较大、一般等级别，进行分级管理，制定整改措施，防患于未然；建立安全事故事件报告激励机制，鼓励从业人员和基层单位报告安全事件，使企业安全管理由单一事后处罚，转向事前奖励与事后处罚相结合；强化事故事前控制，关口前移，积极消除不安全行为和不安全状态，把事故消灭在萌芽状态。

7. 安全事故事件管理制度主要包括哪些内容？

（1）生产安全事故事件等级的划分。

（2）生产安全事故事件上报的责任、时限和渠道。

（3）生产安全事故事件的调查：调查组的人员组成、职责和工作要求。

（4）生产安全事故事件处理和防范措施落实。

（5）生产安全事故事件调查结果的运用。

（6）生产安全事故事件调查文件的管理要求（安全事故事件信息管理）。

二、事故事件持续改进要求

1. 如何落实事故事件整改措施？

按照《生产安全事故报告和调查处理条例》规定，事故发生单位应当认真吸取事故教训，落实防范和整改措施。

（1）落实事故整改措施。及时消除事故暴露出的人的不安全行为、物的不安全状态与管理制度上的缺陷。重点是每一条整改措施要落实责任人、整改期限，并且建立跟踪考核机制，确保整改措施落实到位。

（2）做好整改措施落实前安全监控。在落实整改措施时，因为条件限制，不能立即整改的，要落实有效的临时监控措施，防止落实整改措施阶段再次发生事故。如果有更好的整改措施，企业要组织有关专家进行充分论证，并将论证结果记录存档。重伤、死亡及重大泄漏、爆炸、火灾事故防范措施全面完成之后，企业应适时组织针对整改措施有效性的评估。防范和整改措施的落实情况应当接受企业工会或职工组织的监督。

（3）安全经验分享和事故教训吸取。组织从业人员学习本企业和同类企业事故事件经验和教训，是提高从业人员安全意识和防范事故能力的行之有效的做法。每一起事故事件调查结束后，企业要组织有关从业人员进行深入的分析、讨论，使有关从业人员切实了解事故发生的直接原因、管理原因和安全文化方面的原因。深刻吸取事故教训，杜绝同类事故再次发生。

2. 事故预防与控制的原则是什么？

事故预防是通过采用工程技术、管理和教育等手段使事故发生的可能性降到最低，事故控制是通过采用工程技术、管理和教育等手段使事故发生后不造成严重后果或使损害尽可能减小。事故预防与控制的原则主要包括以下几个方面：

1）消除潜在危险的原则。在本质上消除事故隐患，是理想的、积极的、进步的事故预防措施。其根本做法是以新的系统、新的技术和工艺代替旧的、不安全的系统和工艺，从根本上消除事故发生的可能性。例如，用不可燃材料代替可燃材料，以导爆管技术代替导火索起爆方法，改进机器设备，消除作业环境的危险因素，排除噪声、尘毒对人体的影响等。

2）降低潜在危险因素数值的原则。在系统危险不能根除的情况下，尽量降低系统的危险程度。即一旦系统事故发生，最大限度降低事故后果的严重程度。例如，手电钻工具采用双层绝缘措施，利用变压器降低回路电压，在高压容器上安装安全阀、泄压阀等。

3）冗余性原则。通过多重保险、后援系统等措施，提高系统的安全系数，增加安全裕量。例如，在工业生产中降低额定功率，增加钢丝绳强度，飞机使用双引擎，系统中增加备用装置或设备等。

4）闭锁原则。在系统中通过一些元器件的机械联锁或电气互锁，作为保障安全的条件，如冲压机器的安全互锁器等。

5）薄弱环节原则。在系统中设置薄弱环节，以最小的、局部的损失换取系统的总体安全，如电路中的熔断器、煤气发生炉的防爆膜、压力容器的泄压阀等。它们在危险情况刚出现时就发生破坏，从而释放或阻断能量，以保障整个系统的安全。

6）坚固性原则。通过增加系统强度来保证安全性，如加大安全系数，提高结构强度等。

7）个体防护原则。根据不同作业性质和条件配备相应的劳动防护用品及用具，以减轻事故和灾害造成的伤害或损失。

8）代替作业人员的原则。在不可能消除和控制危险、有害因素的条件下，以机器、机械手、自动控制器或机器人等代替人的某些操作，防止危险、有害因素对人体的危害。

9）警告和禁止信息原则。采用光、声、色或其他标识作为传递组织和技术信息的方式，以保障安全，如宣传画、安全标识、板报警告等。

3. 生产安全事故发生后，企业如何开展原因分析？

生产安全事故发生后，企业应根据国家相关法律、法规和标准的规定，运用科学的事故分析手段，深入剖析事故事件的根原因，找出安全管理体系的漏洞，从整体上提出整改措施，完善安全管理体系。事故原因一般可以分为 3 种：直接原因、间接原因和根原因。分析事故时，应从直接原因入手，逐步深入到间接原因，最后分析事故的根原因，从而掌握事故的全部原因，必要时，还应考虑外部原因。

（1）事故的直接原因分析。事故的直接原因分析主要集中在物的不安全状态、人的不安全行为两方面。

1）分析物的不安全状态主要从以下几个方面考虑：

①安全防护装置，即防护、保险、信号等装置缺失或有缺陷。

②设备、设施、工具、附件有缺陷。

③生产（施工）场地环境不良。

④个体防护装备有缺陷，如防护服、手套、护目镜及面罩、呼吸器官护具、听力护具、安全带、安全帽、安全鞋等缺失或有缺陷。

2）分析人的不安全行为主要从以下几个方面考虑：

①在没有排除故障的情况下操作，没有做好防护或提出警告。

②在不安全的速度下操作。

③使用不安全的设备或不安全地使用设备。

④处于不安全的位置或不安全的操作姿势。

⑤工作在运行中或有危险的设备上，冒险进入危险场所。

（2）事故的间接原因分析。属下列情况者为间接原因：

1）技术和设计上有缺陷，如工业构件、建筑物、机械设备、仪器仪表等的设计、施工和材料使用存在问题。

2）教育培训不够、未经培训、缺乏或不懂安全操作技术知识。

3）劳动组织不合理。

4）对现场工作缺乏检查或指导错误。

5）没有安全操作规程或安全操作规程不健全。

6）没有或不认真实施事故防范措施，对事故隐患整改不力。

7）其他。

（3）事故根原因分析。事故根原因主要体现在企业安全管理的制度和流程上，为管理上的缺陷。所以，要从制度或流程中找根原因，应从以下几个方面考虑：

1）安全方针的概括性、有效性。

2）组织结构的有效性。

3）安全管理程序和作业指导书等的充分性和有效性。

4）安全管理体系的建立、实施、保持和持续改进状况。

（4）外部原因分析。事故的外部原因有对事故发生有影响的监管因素，供应商的产品与服务因素，自然因素，与事故有关的人的家庭、遗传、成长环境因素，以及影响组织的政治、经济、文化、法律因素等。分析时，应具体找出其作用点和具体影响作用，为预防事故奠定基础。

4. 发生生产安全事故后，企业如何深刻吸取事故教训制定防范措施？

发生生产安全事故后，企业要积极协助事故调查组做好事故调查工作，通过查明事故经过和事故原因，发现安全管理工作的漏洞，从事故中总结教训，并提出整改措施，防止类似事故再次发生。重点抓好以下几个方面的工作：

（1）认真贯彻落实新发展理念，始终坚持“人民至上、生命至上”和“安全第一”的原则和方针。

（2）强化安全领导力建设。

（3）加强安全生产合规性管理，持续具备法律、法规、标准规定的安全生产条件。

（4）加大安全生产投入，确保资金投入满足安全生产需要。加大对安全生产、物资、技术、人员投入的保障力度，实施本质安全提升战略。

（5）依法建立安全管理机构，建立健全并落实全员安全生产责任制，建立和不断完善各项安全管理制度和操作规程，构建以风险管理为核心、涵盖职业安全和过程安全管理的先进的安全管理体系并确保有效运行。

（6）按要求上报生产安全事故，做好事故抢险救援，妥善处理医疗救治、依法赔偿等事故善后工作。认真吸取有关事故教训，不发生重复事故。

（7）落实“三管三必须”（管行业必须管安全，管业务必须管安全，管生产经营必须管安全）的法律要求，实施专业安全管理提升战略。

（8）通过加强体系运行情况的内部审核，及时发现企业安全生产存在的短板和不足，集中开展安全专项治理。

（9）实施人才提升战略，构建企业自己的安全管理专业队伍和成熟操作人员队伍。

（10）构建优秀的企业安全文化。

（11）定期接受外部审计，解决“灯下黑”的问题。

（12）强化考核，狠抓落实，持续改进。

思考题

1. 结合企业实际，如何做好事故事件管理？

2. 生产安全事故发生后，企业如何正确分析事故发生的原因？

第五节　事故事件报告和调查处理

一、生产安全事故事件报告

1. 如何上报生产安全事故事件？

生产安全事故事件信息的及时、准确上报是生产安全事故事件管理工作的基础。化工企业生产安全事故事件的报告要简明扼要，讲明时间、地点、事故的简要情况，特别是要尽量讲清涉及危险化学品的情况。

（1）生产安全事故报告。生产安全事故报告分为企业向政府有关部门报告和企业内部一般事故报告两种情况。

1）企业向政府有关部门报告事故。生产安全事故规模达到一定程度必须报告当地政府有关部门。《生产安全事故报告和调查处理条例》第九条规定，事故发生后，事故现场有关人员应当立即向本单位负责人报告；单位负责人接到报告后，应当于 1 h 内向事故发生地县级以上人民政府应急管理部门和负有安全生产监督管理职责的有关部门报告。

情况紧急时，事故现场有关人员可以直接向事故发生地县级以上人民政府应急管理部门和负有安全生产监督管理职责的有关部门报告。

事故报告后出现新情况的，应当及时补报。自事故发生之日起 30 日内，事故造成的伤亡人数发生变化的，应当及时补报。道路交通事故、火灾事故自发生之日起 7 日内，事故造成的死亡人数发生变化的，应当及时补报。

2）企业内部一般事故报告。企业发生没有达到上报地方政府等级的一般事故时，企业内部应该按照事故管理有关规定及时上报。企业发生一般事故时，为了第一时间组织应急处置，通常首先报告企业消防、生产调度和安全管理部门，同时根据事故涉及的专业，报告相应的管理部门。

（2）安全事件信息报告。加强事件的报告管理，有助于分析和研究生产经营活动中事故发生的原因和规律，实现"强化事故事前控制，关口前移"。因此，事件报告要以激励为主，鼓励从业人员将发生在身边的不安全事件和采取的控制措施及时报告，分享经验教训，为改进管理提供支撑。

2. 生产安全事故报告的内容包括哪些?

根据《生产安全事故报告和调查处理条例》的规定，发生生产安全事故后，事故发生单位向事故发生地县级以上人民政府应急管理部门和负有安全生产监督管理职责的有关部门报告事故，一般应以书面形式报告，情况特别紧急时，可用电话口头初报，随后书面报告。报告内容包括以下几个方面：

（1）事故发生单位概况。

（2）事故发生的时间、地点以及事故现场情况。

（3）事故的简要经过。

（4）事故已经造成或者可能造成的伤亡人数（包括下落不明的人数）和初步估计的直接经济损失。

（5）已经采取的措施。

（6）其他应当报告的情况。

3. 何谓迟报、漏报、谎报、瞒报生产安全事故?

迟报是指超过《生产安全事故报告和调查处理条例》或者其他有关规定的时

限报告事故情况，包括故意拖延不报。漏报是指因过失对应上报的事故或者事故发生的时间和地点、类别、伤亡人数、直接经济损失等内容遗漏未报。谎报是指故意不如实报告事故发生单位概况、事故发生的时间和地点、简要经过、现场情况、已经造成和可能造成的伤亡人数、事故类别、直接经济损失等有关内容。瞒报是指隐瞒已发生的事故，超过规定时限未向安全监管监察部门和有关部门报告，并经查证属实的。发生生产安全事故后，事故发生单位在限定时限内不主动向法定部门如实报告，在被有关部门发现并开展调查时才不得已告知事故真相的，仍属瞒报事故。

为了最大限度抑制违法行为，保证相关部门及时、准确掌握事故的全部信息，《中华人民共和国安全生产法》第八十四条对“隐瞒不报、谎报或者迟报”行为作了禁止性规定。

4. 发生生产安全事故后，谎报、瞒报的后果是什么？

《生产安全事故报告和调查处理条例》第三十六条规定，事故发生单位及其有关人员有谎报或者瞒报事故的行为，对事故发生单位处 100 万元以上 500 万元以下的罚款；对主要负责人、直接负责的主管人员和其他直接责任人员处上一年年收入 60%~100%的罚款；属于国家工作人员的，并依法给予处分；构成违反治安管理行为的，由公安机关依法给予治安管理处罚；构成犯罪的，依法追究刑事责任。

根据《中华人民共和国刑法》第一百三十九条的规定，在安全事故发生后，负有报告职责的人员不报或者谎报事故情况，贻误事故抢救，情节严重的，处 3 年以下有期徒刑或者拘役；情节特别严重的，处 3 年以上 7 年以下有期徒刑。

二、生产安全事故的调查处理

1. 事故事件调查的基本原则是什么？

（1）根据《中华人民共和国安全生产法》第八十六条的规定，事故调查处理应当按照科学严谨、依法依规、实事求是、注重实效的原则。事件的调查也要遵循同样的原则。

（2）事故事件调查“四不放过”的原则，即事故事件原因没有查清楚不放过，事故事件责任者没有受到处理不放过，群众没有受到教育不放过，防范措施没有落实不放过。这四条原则互相联系，相辅相成，以预防事故事件再次发生。

（3）属地分级负责原则。事故的调查处理是依照事故的分类级别来进行的。根据目前我国有关法律、法规的规定，事故调查和处理依据《生产安全事故报告和调查处理条例》来执行。

2. 如何分级组织事故调查？

依据《生产安全事故报告和调查处理条例》中事故的分级，按如下原则组织调查：重大事故、较大事故、一般事故分别由事故发生地省级人民政府、设区的市级人民政府、县级人民政府负责调查。省级人民政府、设区的市级人民政府、县级人民政府可以直接组织事故调查组进行调查，也可以授权或者委托有关部门组织事故调查组进行调查。未造成人员伤亡的一般事故，县级人民政府也可以委托事故发生单位组织事故调查组进行调查。

对于大中型化工企业，也要制定相应的规定，对企业负责调查的事故以及安全事件分级组织调查。对于事件的调查，企业根据事件的性质、分类和分级，可适当减小调查组规模，降低调查的层级。

3. 企业如何配合生产安全事故调查？

根据《生产安全事故报告和调查处理条例》的规定，事故发生后，有关单位和人员应当妥善保护事故现场以及相关证据，任何单位和个人不得破坏事故现场、毁灭相关证据。因抢救人员、防止事故扩大以及疏通交通等原因，需要移动事故现场物件的，应当做出标识，绘制现场简图并做出书面记录，妥善保存现场重要痕迹、物证。

事故调查组有权向有关单位和个人了解与事故有关的情况，并要求其提供相关文件、资料，有关单位和个人不得拒绝。

事故发生单位的负责人和有关人员在事故调查期间不得擅离职守，并应当随时接受事故调查组的询问，如实提供有关情况。

任何单位和个人不得阻挠和干涉对事故的报告和依法调查处理。

4. 事故事件调查组的组成部门有哪些？其职责是什么？

依据《生产安全事故报告和调查处理条例》，事故调查组的组成应当遵循精简、效能的原则。根据事故的具体情况，事故调查组由有关人民政府、应急管理部门、负有安全生产监督管理职责的有关部门、监察机关、公安机关以及工会派人组成。事故调查组可以聘请有关专家参与调查。

对于企业内部事故事件的调查，调查组应由具备相关专业知识的人员和具有事故调查经验的人员组成，事故事件涉及承包商时应包括承包商有关人员。

根据《生产安全事故报告和调查处理条例》，调查组的职责如下：

（1）查明事故发生的经过、原因、人员伤亡情况及直接经济损失。

（2）认定事故的性质和事故责任。

（3）提出对事故责任者的处理建议。

（4）总结事故教训，提出防范和整改措施。

（5）提交事故调查报告。

5. 事故事件调查的主要内容是什么？

对事故事件进行全面、细致、深入的调查，查明事故事件的经过，深入调查分析事故事件的直接原因、管理原因和企业安全文化方面的缺陷，有针对性地制定改进和防范措施，是吸取事故事件教训，避免同类事故事件再次发生的关键环节。

（1）事故事件直接原因调查。事故的直接原因可以借助于事故树分析方法，从物（设备设施）的不安全状态、环境要素和人的不安全行为方面入手进行调查。涉及危险化学品的事故，有时候需要通过技术分析和相关试验确定事故事件的直接原因，因此有的企业又将直接原因称为技术原因。

（2）事故事件管理原因调查。为了切实吸取事故事件的教训，在查明事故事件的直接原因后，还要分析直接原因背后管理方面存在的问题，以便堵塞管理漏洞，补齐管理短板。分析管理原因，首先调查分析有关制度、规程是否健全，涉及事故的安全操作要求是否全面、明确，责任是否明确、清晰。在此基础上，还要分析事故责任者是否具备相应的能力，从而分析人力资源管理、招聘、安全生产教育和技能培训方面是否存在漏洞和短板。如果事故事件有关责任人存在违章行为，还要调查企业日常管理、政治思想工作和安全文化方面存在的问题。

（3）从企业安全文化角度审视事故事件发生的深层次原因。企业发生安全事故事件，追根究底是企业在安全文化方面存在问题。事故企业安全文化方面问题的调查，实际上就是调查企业是否对安全不够重视和企业安全文化方面存在的不良习惯。调查通过查看有关记录、各个层级的访谈等方式，着重发现企业对安全不够重视、安全行为规范与“安全第一”理念存在差距等安全生产根本性的问题，从而督促企业改进安全文化，从根本上夯实安全生产的根基。

一些国际知名化工公司在安全管理中崇尚“无责备文化”。“无责备文化”并不是没有处罚，而是更关注领导与管理的不足，并从事故事件中吸取经验教训，持续改进。

思考题

1. 生产安全事故发生后，企业应如何制定防范类似事故再次发生的措施？

2. 同类型企业发生事故后，企业应如何举一反三防范事故发生？

第六节　典型事故案例

一、石油化工企业典型事故

1. 临沂金誉石化有限公司“6·5”罐车泄漏重大爆炸着火事故发生的原因是什么？应该从中吸取哪些事故教训？

（1）事故情况简介。2017 年 6 月 5 日凌晨 1 时左右，临沂金誉石化有限公司储运部装卸区的一辆液化石油气运输罐车在卸车作业过程中发生液化气泄漏，引起重大爆炸着火事故，装卸区内停放的运输车辆罐体爆炸残骸等飞溅物击中周边设施、物料管廊、液化气球罐、异辛烷储罐等，致使两个液化气球罐发生泄漏燃烧，两个异辛烷储罐发生燃烧爆炸。冲击波还扩散到控制室，造成控制室损坏。事故共造成 10 人死亡、9 人受伤，直接经济损失 4 468 万元。金誉石化有限公司爆燃事故现场如图 5-3 所示。

图 5-3　金誉石化有限公司爆燃事故现场

（2）事故原因分析

1）事故直接原因。肇事罐车驾驶员长途奔波、连续作业，在午夜进行液化气卸车作业时，没有严格执行卸车规程，出现严重操作失误，致使快装接口与罐车液相卸料管未能可靠连接，在开启罐车液相球阀瞬间发生脱离，造成罐体内液化气大量泄漏。现场人员未能有效处置，泄漏后的液化气急剧汽化，迅速扩散，与空气形成爆炸性混合气体并达到爆炸极限，遇点火源发生爆炸燃烧。

2）事故间接原因如下：

①该公司未落实安全生产主体责任。企业对存在的安全风险特别是卸车区叠加风险辨识和评估不全面，对高风险的管控措施不落实，从业人员素质和化工专业技能不能适应高危行业安全管理的需要。

②特种设备安全管理混乱，未依法取得移动式压力容器充装资质和工业产品生产许可资质，违法违规生产经营，特种设备管理和操作人员不具备相应资格和能力。

③卸载前未严格执行安全操作规程，对快装接口与罐车液相卸料管连接可靠性检查不到位，流体装卸臂快装接口定位锁止部件经常性损坏且更换维护不及时。

④危险化学品装卸管理不到位，连续 24 小时组织作业，10 余辆罐车同时进入装卸现场，超负荷进行装卸作业。

⑤事故应急管理不到位，预案编制针对性和实用性差，未根据装卸区风险特点开展应急演练和培训。出现泄漏险情时，现场人员未能及时关闭泄漏罐车紧急切断阀和球阀，未及时组织人员撤离，致使泄漏持续 2 分钟直至遇到点火源发生爆燃，造成重大人员伤亡。

（3）事故教训

1）危险化学品生产、经营、运输企业要加强危险化学品装卸环节的安全管理。建立和完善危险化学品装卸环节的安全管理制度，严格执行危险化学品装卸车操作规程，液化气体装卸作业时应对接口连接可靠性进行确认。

2）企业应提高应急管理水平。要针对装卸环节可能发生的泄漏、火灾、爆炸等事故，制定操作性强的事故应急救援预案，特别是完善现场处置方案，定期组织操作人员进行应急救援预案培训和演练，配备必要的应急救援器材，提高企业事故施救能力。

3）合理组织装卸车作业。要科学评判集中装卸作业可能存在的风险叠加现象，合理布置装车区和待装区，减少人员和车辆密集程度，防止发生多米诺效应。

4）加强设备完好性管理。装卸作业时不仅要检查接口连接可靠性，还要增强容错功能，避免失误现象发生。

5）加强对控制室的抗爆设计，做到控制室、机柜间不得朝向具有爆炸危险性的生产装置。

2. 大连中石油国际储运有限公司“7·16”特别重大输油管道爆炸火灾的原因是什么？应从中吸取哪些事故教训？

（1）事故发生基本情况。2010 年 7 月 16 日 18 时许，大连中石油国际储运有限公司原油罐区输油管道发生爆炸，造成原油大量泄漏并引起火灾，持续燃烧 15 h，事故造成 103 号原油储罐和周边泵房及港区主要输油管道严重损坏，原油流入附近海域，造成环境污染。事故还造成 1 名作业人员失踪，灭火过程中 1 名消防员牺牲。

该公司一期原油罐区位于大连新港，建有 6 个储罐，库存能力 60 万 m^3；二期原油罐区内建有 14 个储罐，库存能力 125 万 m^3。地形呈“西高东低、南高北低”。

2010 年 7 月 15 日，油轮开始向该公司原油罐区 304 号原油罐卸油，同时承包商作业人员开始通过罐区内 2 号输油管道排空阀向管道注入脱硫化氢剂。7 月 16 日 13 时 20 分，加剂人员在接到油船已停止卸油的通知后，仍继续加注脱硫化氢剂。18 时 02 分，加注点东侧 2 号输油管道立管处发生爆炸，引起火灾，导致 103 号原油储罐起火。18 时 20 分，罐区电力系统损坏，罐区断电，消防系统不能正常工作，罐区阀门不能关闭，致使火势扩大。

16 日 23 时 30 分，在经过大连市消防员扑救后，火势得到初步控制，最初发生爆炸的输油管道（直径为 900 mm）大火被扑灭。但是与原油储罐相连的管道

（直径为 700 mm）仍在燃烧，储罐与输油管道之间的阀门被烧坏，无法切断原油，原油从油罐中持续流出、起火。7 月 17 日凌晨，地面流淌的原油通过罐区排水系统出口流入海域，造成污染。至 17 日 14 时左右，火势完全被扑灭。

事故造成 103 号原油储罐（10 万 m^3）被完全烧毁，油罐一侧已塌陷，邻近的输油管道受损，一期罐区油泵房、计量间、变配电间、消防泵房被烧毁，罐区南部控制室被烧毁。事故现场如图 5-4 所示，烧毁后的 103 号原油储罐如图 5-5 所示。

图 5-4　事故现场

图 5-5　烧毁后的 103 号原油储罐

（2）事故原因分析

1）事故发生的直接原因是违规进行加剂（脱硫化氢剂：含85%双氧水）作业。在油轮暂停卸油作业的情况下，继续加入大量脱硫化氢剂，造成双氧水在加剂口附近输油管段内局部富集。输油管内高浓度的双氧水与原油及铁锈等杂质接触发生放热反应，致使管内温度升高。在温度升高的情况下，双氧水与管壁接触，亚铁离子促进双氧水的分解，使管内温度和压力加速升高，形成“分解—管内温度、压力升高—分解加快—管内温度、压力快速升高”的连续循环，引起输油管道中双氧水发生爆炸，原油泄漏，引发火灾。

2）事故发生的间接原因如下：

①安全生产主体责任不落实。整个罐区管理混乱，层次较多，没有执行“谁主管，谁负责”的原则，造成安全生产主体责任不落实，安全生产监管不到位。

②变更管理不善。此次作业中，加剂工艺发生了变更，原油脱硫化氢剂生产厂家发生变更，脱硫化氢剂的活性组分由有机胺类变更为双氧水，但是事故单位没有针对这一变更进行风险分析，没有制定完善的加剂方案。

③事故单位对承包商监管不力。事故单位对加入的原油脱硫化氢剂的安全可靠性没有进行科学论证，直接将原油脱硫化氢处理工作委托给承包商，而承包商又进行了转包。在加剂过程中，事故单位作业人员在明知已暂停卸油作业的情况下，没有及时制止承包商的违规加剂行为。

④加剂方法没有正规设计，加剂方案没有经过科学论证，违反《中华人民共和国安全生产法》相关规定。

⑤承包商在加剂作业中存在违规加剂行为。其作业人员在经济利益的驱使下，违反设计配比，在原油停输后，将22.6 t脱硫化氢剂加入输油管道中。

⑥油罐租赁单位未对原油脱硫化氢剂及其使用进行合法性审核和安全论证。

⑦原油接卸过程中指挥协调不力，层次较多，管理混乱。

⑧应急设施基础薄弱。事故造成电力系统损坏，消防设施失效，罐区停电，使得其他储罐的电控阀门无法操作，无法及时关闭周围储罐的阀门，导致火灾规模扩大。

（3）事故教训

1）应认真做好重大危险源场所的总体规划。此次事故中，整个大连大孤山地区规划油品库容达到2 000万m^3左右，分5个台阶建设，高差达到76 m，所储存油品包括原油、成品油、化工原料和LNG（液化天然气）。此次事故中，溢出的原油向低洼处蔓延，形成流淌火，流淌火流入库区外和相邻库区，造成大连港集团的南罐区油泵房和管道爆炸起火，威胁整个保税区所有油库的安全。港区内原油等危险化学品大型储罐集中布置是造成事故险象环生的重要因素。在建设原油、成品油、化工原料和LNG等大库容、多品种储存基地前，应进行详细的安全论证，充分考虑定量风险评估的结果，确保一个库区发生事故时，不会影响到整个库区的安全。

在单个企业乃至化工园区重大危险源布局时，同样要考虑单一企业或单一储罐发生火灾时，对相邻企业或相邻储罐的影响。要在严格遵守各项防火标准规范的基础上，运用定量评估方法科学评估事故波及范围，合理布局易燃液体储罐，确保重大危险源火灾损失降低到最小。

2）应高度重视重大危险源场所的供电保障。此次事故发生初期，火灾使得罐区高架电力系统迅速瘫痪，罐区停电，其他储罐的电控阀门无法操作，不能及时关闭周围储罐的阀门，并使消防系统不能正常工作，给火灾规模的扩大提供了条件。对于重大危险源场所的供电设计，应按照《供配电系统设计规范》（GB 50052—2009）要求合理确定供电负荷等级。对于可能导致严重后果的重大危险源，应至少采用双回路电源线路供电，同时设置移动式应急柴油发电机组，确保在断电情况下，保障重要设备的供电。

3）应确保储罐紧急切断阀在事故状态下有效使用。此次事故中，发生火灾的罐区每个罐组集中设置了一个阀组，虽然方便了生产操作、维护和防冻，但一旦阀组处发生火灾，罐组中各罐控制阀门全部烧毁，导致不能有效阻止罐内物料的外流。在选用储罐紧急切断阀时，应充分考虑事故情形下储罐紧急切断阀的正常使用，应按照故障安全型原则选用和设计，必要时设置双阀，确保在事故时能有效切断物料。

4）应重视变更可能带来的风险，进一步强化变更管理。此次事故的一个重要原因是变更管理不善，事故单位的加剂工艺发生了变更，脱硫化氢剂的活性组分由有机胺类变更为双氧水，但是企业没有针对这一变更进行风险分析，没有制定完善的加剂方案，在采用新工艺后，没有加强对现场作业的监管，从而导致在加剂过程中发生严重事故。

企业应高度重视变更管理工作，清醒认识到变更可能给工艺和设备运行带来的风险。当生产工艺或操作过程变更时，需要对生产工艺及操作过程进行全面的安全性评估，识别和分析影响安全性的关键因素和作业环节。要进行科学的安全论证，全面辨识可能出现的安全风险，采取针对性的防范措施，确保安全。要按照“申请—审批—实施—验收”的管理程序做好变更的全过程管理工作，强化变更风险管控。

5）要加强对承包商的现场监管。在此次事故发生前，承包商配制了 90 t 原油脱硫化氢剂，在加剂过程中由于软管鼓泡、脱硫化氢剂泄漏、软管与泵连接口处脱落等原因耽误了 4 h。在原油停输后，仍坚持把剩余的脱硫化氢剂加入原油中，事故单位的现场监管人员对其违规行为未加制止。

企业应加强对承包商的管理，尤其是在重大危险源场所实施作业过程中的安全监管，坚决杜绝非法转包、以包代管现象，严格查处“三违”行为，实现安全作业。

6）要加强对事故应急池的管理工作。涉及存储可燃、易燃危险化学品的企业，应高度重视对事故应急池的管理，加强对防火堤的维护，防止堤内液体渗漏到堤外，同时做好罐区排水系统的管理，保证污水泵完好可用，事故应急池有效容积满足事故情况下承载事故污水的需要。

7）要充分发挥重大危险源包保责任人的作用。重大危险源场所一旦发生事故，往往后果严重。此次事故也暴露出企业管理层级繁杂、职责不清、疏于作业现场管理的问题。重大危险源各级包保负责人要承担自己应尽的责任，按照包保责任制要求，落实各自主体责任。主要负责人要实施好各项管理制度，抓好人员责任落实；技术负责人要加强承包商和变更管理；操作负责人要加强作业现场的安全管理。只有做到齐抓共管，才能确保重大危险源的安全。

二、精细化工企业典型事故

1. 浙江林江化工股份有限公司“6·9”爆炸事故发生的原因是什么？应该从中吸取哪些事故教训？

（1）事故情况简介。2017 年 6 月 9 日 2 时 16 分左右，浙江林江化工股份有限公司 2 车间在产品中试过程中发生一起爆炸事故，造成 3 人死亡、1 人受伤，直接经济损失 525 万元。

浙江林江化工股份有限公司主要从事氟精细化学品的研发、生产与销售。2016 年年底，浙江林江化工股份有限公司获得农药新产品唑啉草酯（代号 ZL）生产技术。该产品是新苯基吡唑啉类除草剂，合成工艺流程是以 2，6-二乙基-4-甲基苯胺为原料，经重氮化、偶联、硫酸水解、缩合、酯化等，一共分 9 步反应制得。

2017 年 6 月 5 日，企业决定在 2 车间进行唑啉草酯的中试。6 月 8 日晚班，操作人员在把前道工序得到的物料（中间体［1，4，5］氧二氮杂庚烷和二氯甲烷混合溶液）进行脱溶作业（回收二氯甲烷）时，反应釜发生爆炸，DCS（分散控制系统）室画面显示温度由 65 ℃瞬间上升到 200 ℃以上（超出量程），现场伴有浓烟和火光。

（2）事故原因分析

1）事故直接原因是浙江林江化工股份有限公司在未经全面论证和风险分析、不具备中试安全条件的情况下，在 500 mL 规模小试的基础上放大 10 000 倍进行试验，在进行中间体［1，4，5］氧二氮杂庚烷脱溶作业后期物料浓缩时，由于加热方式不合理、测温设施无法检测釜内液体的真实温度等原因，使浓缩的［1，4，5］氧二氮杂庚烷温度过高发生剧烈热分解，导致设备内压力骤升并发生爆炸。

2）事故间接原因如下：

①企业对安全生产不重视，法制观念差，盲目追求经济利益。产品研发试验不尊重客观规律，违规开展中试，且对化工产品试验过程中的风险认识严重不

足，在设备不具备安全条件的情况下，从 500 mL 规模小试直接放大 10 000 倍进行新产品试验，违反试验性项目安全管理相关规定。

②企业安全管理混乱。企业未经安全审查，未经相应的安全设计和论证，擅自改造在役生产装置用作中试试验，缺乏安全设施。技术、生产、安全等岗位人员不认真履行职责，对风险未实施有效管理，未对试验性项目开展反应风险评估和系统风险分析，导致物料热稳定性以及反应风险参数等工艺安全信息缺失，所设置的操作参数（脱溶温度达 100 ℃）严重偏离安全范围。

③企业安全生产教育和培训不到位。因保密等因素，企业在未编制试验工序、操作规程的情况下，盲目展开中试，且多个主要物料采用代号，未作技术交底和风险告知。参加中试人员未经专门教育和培训，对具体工艺和物料情况缺乏了解，盲目操作，对企业违规开展中试行为未能向监管部门投诉、举报。

（3）事故教训

1）应重视生产过程中的风险分析与评估。精细化工企业要按照《关于加强精细化工反应安全风险评估工作的指导意见》（安监总管三〔2017〕1 号）的要求，在研发、试验新项目时，必须系统、全面地开展各步骤的风险分析，对试验过程中性质不明的中间产物，必须开展热分解测试等风险评估工作。尤其是要按照《危险化学品生产建设项目安全风险防控指南（试行)》要求，对涉及硝化、氯化、氟化、重氮化、过氧化工艺的精细化工生产装置开展有关产品生产工艺全流程的反应安全风险评估，并对相关原料、中间产品、产品及副产品进行热稳定性测试和蒸馏、干燥、储存等单元操作的风险评估。依据风险评估结果，提出有效的安全防范措施，制定操作规程，明确各项关键工艺参数的安全控制范围，制定事故应急预案，并结合风险评估的结果，有针对性地完善化工设备特别是中试设备的本质安全设计。

2）要牢固树立风险意识。要充分认识到精细化工反应过程一旦失控可能存在的风险及造成的后果，通过开展反应风险评估以及对生产过程涉及的原料、中间产品、副产品等开展热稳定性分析，对其可能出现的风险有所预知、预判。

3）要加强对中试装置的安全管理。涉及危险化学品（含原料、中间产品、副产品）的中试和扩大性试验项目，必须进行安全论证，严禁在危险化学品工业化生产装置上进行试验性生产。中（扩）试装置必须单独设置，并请有相应资质的单位进行设计和施工建设，同时中试试验应逐步放大试验规模，切忌盲目放大试验规模。

另外，中试装置同一作业场所人数原则上不超过 3 人，避免造成群死群伤事故。中试装置与生产系统、装置相关联的，必须有紧急切断、隔离等措施。

4）要重视蒸馏工艺的安全操作。精细化工企业多采用蒸馏工艺脱除物料中的有机溶剂。蒸馏工艺虽未列入重点监管的危险工艺，但也具有一定的危险性。尤其是蒸馏温度控制不当或釜液液位偏低，造成过度蒸馏，容易造成“干锅”现象。如果釜底残留物热稳定性较差，可能就会受热分解，引发不期望反应。蒸馏工艺的操作应配备温度、压力、液位监测仪表，并设置相应安全联锁，避免出现过度蒸馏现象。

5）要不断加强操作人员培训管理。一是要加强对操作人员安全生产知识及操作规程的培训，使各级人员掌握项目生产工艺原理、各环节可能潜在的风险、相应管理措施及应急处置措施等；二是要加强异常工况及紧急情况下的应急处置培训，对于生产过程中突发的异常工况及其他紧急情况，能迅速分析判断原因，依据操作规程，及时采取行之有效的应急措施，遏制事态发展。

2. 宜宾恒达科技公司“7·12”重大爆炸着火事故发生的原因是什么？应该从中吸取哪些事故教训？

（1）事故情况简介。2018 年 7 月 12 日 18 时许，四川宜宾恒达科技公司发生重大爆炸着火事故，造成 19 人死亡、12 人受伤，直接经济损失约 4 142 万元。

事故装置为生产咪草烟的 2-氨基-2，3-二甲基丁酰胺（以下简称丁酰胺）脱水装置。咪草烟合成过程中原料丁酰胺的脱水，采取加入甲苯并升温，利用甲苯和水互不相溶的原理，使其与水形成共沸物，共沸物冷凝后在分层器分为两层，实现水与甲苯的分离。

2018 年 7 月 12 日 11 时 30 分左右，某物流公司将 2 t 标注为原料的 COD（化学需氧量）去除剂（实为氯酸钠）送至宜宾恒达科技公司仓库。库管员未对入库原料进行认真核实，将其作为原料丁酰胺进行了入库处理。14 时左右，二车间到库房领取咪草烟生产原料丁酰胺，库管员将“丁酰胺”（实为氯酸钠）发出，二车间咪草烟生产岗位的当班人员通过升降机将生产原料“丁酰胺”提升到二车间三楼堆放。17 时 20 分前，操作人员将“丁酰胺”投入釜中并通蒸汽进行升温脱水作业。18 时 42 分 33 秒，反应釜发生化学爆炸。爆炸导致反应釜严重解体，随釜体解体过程冲出的高温甲苯蒸气，迅速与外部空气形成爆炸性混合物并发生二次爆炸，同时引起车间现场存放的氯酸钠、甲苯与甲醇等物料殉爆殉燃和二车间、三车间着火燃烧，进一步扩大了事故后果，造成重大人员伤亡和财产损失。

（2）事故原因分析。事故直接原因是宜宾恒达科技公司在生产咪草烟的过程中，操作人员将无包装标识的氯酸钠当作丁酰胺，补充投入到釜中进行脱水作业。在搅拌状态下，丁酰胺与氯酸钠的混合物形成具有迅速爆燃能力的爆炸体系。开启蒸汽加热后，丁酰胺与氯酸钠的混合物撞击感度随着釜内温度升高而升高，引起釜内丁酰胺与氯酸钠的混合物发生化学爆炸，爆炸导致釜体解体。随釜体解体过程冲出的高温甲苯蒸气，迅速与外部空气形成爆炸性混合物并发生二次爆炸，引起车间现场存放的氯酸钠、甲苯与甲醇等物料殉爆殉燃和二车间、三车间着火燃烧，进一步扩大了事故后果，造成重大人员伤亡和财产损失。

（3）事故教训

1）抓好工艺安全信息管理。事故企业以配方保密、物料名称不公开为由，要求供货商提供原料时，故意不标注物料的准确名称，不能准确向操作人员提供物料的安全信息，致使错误物料进入库内，最终导致事故发生。精细化工企业具有产量少、品种多、技术难获取的特点，实行技术保密无可厚非，但不能因技术保密而放弃安全，更不能以技术保密为由拒绝接受安全监管部门的检查。

2）加强从业人员的素质提升。事故企业从业人员大多为农民工，学历以初中居多，连车间主任也是初中毕业刚入厂不久，不符合国家对从事危险化学品生产的人员必须满足高中以上学历的要求。从业人员技术素质和应急能力低下，普遍缺乏化工安全生产基本常识和基本操作技能，不清楚本岗位生产过程中存在的安全风险，不能严格执行工艺指标，不能有效处置生产异常情况，也间接导致了事故后果的扩大。

3）加强危险场所的安全管理。精细化工企业因反应机理不清、反应失控后后果难以预测而频频发生事故。精细化工企业除应按照规定要求认真开展反应风险评估以外，还要对控制室、机柜间、交接班室、巡检室、操作室等人员密集场所进行抗爆加固，涉及爆炸危险性化学品的生产装置控制室、交接班室应搬迁到装置区外，不得布置在装置区内。

4）提升生产装置自动化控制水平。事故企业安全生产投入严重不足，无自动化控制系统、安全仪表系统、可燃和有毒气体泄漏报警系统等安全设施，本质安全水平低下。精细化工企业要不断提升自动化控制水平，努力减少现场作业人数，避免恶性事故发生。

3. 江苏连云港聚鑫生物科技有限公司“12·9”重大爆炸事故发生的原因是什么？应该从中吸取哪些事故教训？

2017年12月9日2时09分左右，连云港市聚鑫生物科技有限公司间二氯苯生产装置发生爆炸事故，导致装置所在的四车间和相邻的六车间坍塌，造成10人死亡、1人轻伤，直接经济损失4 875万元。

（1）事故装置基本情况。事故装置为该公司间二氯苯生产装置，位于聚鑫生物科技有限公司四车间，原料是该公司三车间生产的固体间二硝基苯。

间二氯苯生产过程涉及氯化工艺，该公司对氯化反应釜设置了DCS系统，对液氯汽化装置设置了安全仪表系统，但间二硝基苯的脱水、保温釜压料为人工操作。

事故装置原设计保温釜物料压入高位槽的介质为氮气，2017年6月左右，因制氮机损坏，企业擅自改用压缩空气。

（2）事故经过。2017年12月8日19时左右，该公司四车间尾气处理操作工发现尾气处理系统真空泵处冒黄烟，随即报告班长甲。班长甲检查确认后，将通往活性炭吸附器的风门开到最大，黄烟不再外冒。

19时39分左右，氯化操作工乙到1号保温釜用压缩空气（原应使用氮气）将釜内物料压送到1号高位槽。

19时44分左右，放料工将1号脱水釜中的间二硝基苯和残液蒸馏回收的杂2、杂3一并放入1号保温釜内。20时04分放料结束。放料前保温釜温度为

127 ℃，放料后温度降为 123 ℃，指标正常。

21 时左右，真空泵处再次冒黄烟。班长甲认为氯化水洗尾气压力高，关闭了脱水釜、保温釜尾气与氯化水洗尾气在三级碱吸收前连通管道上的阀门，黄烟基本消失。

21 时 35 分左右，车间控制室内操工告诉氯化操作工乙 1 号保温釜温度突然升高，要求检查温度，确认保温蒸汽是否关闭。氯化操作工乙到现场观察温度约为 152 ℃，随即手动紧了一圈夹套蒸汽阀。

22 时 42 分左右，班长甲在车间控制室看到 DCS 系统显示 1 号保温釜温度“150 ℃？”（已超 DCS 量程上限 150 ℃），认为是远传温度计损坏，未做相应处置。

23 时 30 分左右，班长甲所在班组与夜班班长丙所在班组 7 人进行了交接班。

接班后 23 时 57 分左右，班长丙所在班组精馏操作工发现 1 号高位槽顶部冒黄烟，便报告班长丙。班长丙和七车间前来协助处理的班长丁等人赶到现场，班长丙到 1 号高位槽操作平台进行处理，黄烟变小后，人员全部离开了现场。

12 月 9 日 0 时 14 分左右，班长丙认为 1 号保温釜 DCS 温度显示异常，又来到 1 号保温釜，打开保温釜紧急放空阀，没有烟雾排出又关闭紧急放空阀。

1 时 01 分左右，班长丙又到 1 号保温釜，打开 1 号保温釜紧急放空阀，有大量烟雾冒出，接着关闭紧急放空阀并离开。

2 时 05 分左右，氯化操作工戊接到内操工指令，到 1 号保温釜进行压料操作，氯化操作工庚协助，精馏操作工己也在现场。

2 时 05 分 31 秒，氯化操作工庚关闭了 1 号保温釜紧急放空阀，氯化操作工戊打开压缩空气进气阀向 1 号高位槽压料，氯化操作工庚观察压料情况。

2 时 08 分 41 秒，氯化操作工戊关闭压缩空气进气阀，看到 1 号保温釜压力快速上升；2 时 09 分 02 秒，氯化操作工庚快速打开 1 号保温釜紧急放空阀进行卸压；2 时 09 分 30 秒，1 号保温釜尾气放空管道内出现红光，紧接着保温釜釜盖处冒出淡黑色烟雾，氯化操作工戊、氯化操作工庚、精馏操作工己 3 人迅速跑离现场。

2 时 09 分 49 秒，保温釜内喷出的物料发生第一次爆炸；2 时 09 分 59 秒，现场发生了第二次爆炸。爆炸造成四车间及相邻六车间厂房坍塌、设备部件飞出，如图 5-6 所示。

图 5-6　设备部件飞出

事故共造成 10 人死亡、1 人轻伤。死亡人员均为聚鑫生物科技有限公司人员，其中四车间死亡 3 人，六车间死亡 7 人。事故造成直接经济损失 4 875 万元。

（3）事故原因分析

1）事故直接原因是尾气处理系统的氮氧化物（夹带硫酸）串入 1 号保温釜，与釜内加入的间硝基氯苯、间二氯苯、1，2，4-三氯苯、1，3，5-三氯苯和硫酸根离子等回收残液形成混酸，在绝热高温下，与釜内物料发生化学反应，持续放热升温，并释放氮氧化物气体（冒黄烟）。使用压缩空气压料时，高温物料与空气接触，反应加剧，紧急卸压放空时，遇静电火花燃烧，釜内压力骤升，物料大量喷出，与釜外空气形成爆炸性混合物，遇火源发生爆炸。

2）事故间接原因如下：

①该企业间二氯苯生产工艺没有正规技术来源，也没有委托专业机构进行工艺计算和施工图设计，总平面布置、设备选型和安装、管线走向等全凭企业人员经验决定。

②企业在未取得危险化学品安全生产许可证的情况下，违法组织生产。

③自动化控制水平低，间二氯苯生产装置保温釜压料、反应釜进料、精制单元均没有实现自动化控制，仍采用人工操作。

④变更管理严重缺失。未执行变更管理要求，擅自取消保温釜爆破片，使设备安全性能降低；擅自更改压料介质，擅自改造环保尾气系统，造成事故隐患。

⑤操作工资质不符合规定要求。事故车间绝大部分操作工均为初中及以下文化水平，特种作业人员未持证上岗。

（4）事故启示

1）突出重点环节，加强工艺安全管理。精细化工企业必须系统、全面地开展各步骤的风险分析，按照《危险化学品生产建设项目安全风险防控指南（试行)》要求，对涉及硝化、氯化、氟化、重氮化、过氧化工艺的精细化工生产装置开展有关产品生产工艺全流程的反应安全风险评估，并对相关原料、中间产品、产品及副产品进行热稳定性测试和蒸馏、干燥、储存等单元操作的风险评估。依据风险评估结果，提出有效的安全防范措施，制定操作规程，明确各项关键工艺参数的安全控制范围，制定事故应急预案，并结合风险评估的结果，有针对性地提高化工设备的本质安全设计。

2）规范变更管理。从事故经过可以看出，企业随意改变了压料所用的介质，没有履行变更手续，没有经过各级人员的严格审核，忽视了变更中可能带来的风险，使本应该通过各级严格审核被发现的隐患酿成事故。应按照《关于加强化工过程安全管理的指导意见》（安监总管三〔2013〕88 号）要求，对变更风险进行分析，并针对风险提出控制措施。同时，及时修订变更所涉及的操作规程等，将变更相关信息及时传递到所涉及的有关人员。

3）企业应加强安全管理。建立健全企业安全管理制度，加强日常安全生产教育和培训，落实企业安全生产主体责任，严禁在未取得危险化学品安全生产许可证的前提下违法组织生产。

三、氯碱企业典型事故

河北盛华化工有限公司“11·28”重大爆燃事故发生的原因是什么？应该从中吸取哪些事故教训？

2018 年 11 月 28 日 0 时 40 分 55 秒，河北盛华化工有限公司氯乙烯泄漏扩散至厂外区域，遇火源发生爆燃，造成 24 人死亡、21 人受伤，直接经济损失 4 148.8 万元。

（1）事故经过。2018 年 11 月 27 日 23 时，河北盛华化工有限公司聚氯乙烯车间氯乙烯工段丙班接班。班长甲、精馏岗 DCS 操作员乙以及精馏巡检工丙、丁等人上岗。接班后，操作员乙在中控室盯岗操作，班长甲在中控室查看转化及精馏数据，未见异常。23 时 20 分左右，精馏巡检工丙和丁从中控室出来，直接到巡检室。

28 日 0 时 36 分 53 秒，DCS 运行数据记录显示，压缩机入口压力降至 0.05 kPa。中控室视频显示，操作员乙在之后 3 分钟内进行了操作；DCS 运行数据记录显示，回流阀开度在 3 分钟时间内由 30%调整至 80%。0 时 39 分 19 秒，DCS 运行数据记录显示，气柜液位高度快速下降，操作员乙用对讲机呼叫精馏巡检工丙，告知气柜液位波动，通知其去检查。随后，操作员乙用手机向班长甲报告气柜液位波动大。

班长甲在 0 时 41 分左右听见爆炸声，看见厂区南面起火，立即赶往中控室通知调度室。经请示后，转化岗 DCS 操作员启动紧急停车程序，同时班长甲、精馏巡检工丙、丁一起打开球罐区喷淋水，随后对氯乙烯打料泵房及周围进行灭火。

（2）事故原因分析

1）事故直接原因是 1 号氯乙烯气柜长期未按规定检修，事发前氯乙烯气柜卡顿、倾斜，开始泄漏，压缩机入口压力降低。操作人员没有及时发现气柜卡顿，仍然按照常规操作方式调大压缩机回流，导致进入气柜的气量加大，加之调速过快，氯乙烯冲破环形水封出现泄漏，并向厂区外扩散，当蔓延到厂区对面的某公司厂区内时，遇该公司处于通电状态下的箱型高温炉产生的高温，发生爆燃。

310 省道河北盛华化工有限公司所在路段存在长期违规停车现象，未得到及时解决，致使事故造成停车场内人员死亡，7 辆大货车、5 辆小型车损毁，如图 5-7 所示。同时停在路边等待卸货的车辆也受到波及，并造成人员伤亡。

2）事故间接原因如下：

①河北盛华化工有限公司设备设施管理缺失，违反公司关于气柜需定期维护

图 5-7　事故导致停车场内汽车损毁

检修的规定。1 号氯乙烯气柜长期未按规定检修，导致氯乙烯气柜卡顿、倾斜，设备腐蚀严重，如气柜钟罩腐蚀穿孔，未及时修复。

②河北盛华化工有限公司工艺管理薄弱，操作纪律松弛。操作规程不具有操作性，装置参数记录简单。操作人员对装置异常工况处置不当，泄漏发生后，企业应对不及时、不科学，没有相应的应急响应能力。

③河北盛华化工有限公司控制仪表、安全仪表管理不规范。氯乙烯压缩机实际设置了压力控制回路（氯乙烯压缩机入口压力控制回流阀），但一直处于手动调节状态，无法自动调节；中控室经常关闭可燃、有毒气体报警声音，对各项报警习以为常，没有及时应对。

④河北盛华化工有限公司风险管控能力不足。厂区外南侧道路改造升级后，对高风险装置设施氯乙烯气柜、球罐重视不够，风险管控措施不足，对环境改变带来的安全风险认识不够，意识淡薄，管控能力差，造成风险外溢。

⑤河北盛华化工有限公司劳动纪律涣散，不能对生产装置实施有效监控。隐患排查治理不到位，未认真落实隐患排查治理制度。

（3）事故教训

1）加强设备管理，严格按照设备检修规程做好设备的日常维护保养和计划检修工作，确保设备设施完好性。

2）严格工艺管理，不断提高操作人员操作技能，完善工艺参数的过程报警、操作记录的管理。制定氯乙烯专项管理制度和管控措施，采取可靠的技术手段和管理措施，防止液相氯乙烯泄漏到气柜。

3）加强生产管理，严格执行巡检管理、交接班等制度，加强对关键设备、重点部位的管控，保障生产安全平稳运行。强化安全生产教育和培训，提升各类人员安全管理素质。

4）开展外部安全防护距离评估工作，切实做好总图布局，严格控制风险，杜绝风险外溢现象。

5）强化安全领导力，发挥企业各级管理人员的示范效应，严格落实主体责任，安全责任到岗位、到人员。

第六章
工伤保险

第一节　工伤保险基础

一、工伤保险的特点及适用范围

1. 工伤保险的特点有哪些?

（1）补偿性。工伤保险是法定的强制性社会保险，是通过对因工作遭受事故伤害或者患职业病的职工实施医疗救治和给予必要的经济补偿，以保障其经济权利的补救措施。从根本上说，它是由政府监管、社会保险经办机构经办的社会保障制度。

（2）权利主体的特定性。享有工伤保险权利的主体只限于用人单位的职工或者雇工，其他人不享有这项权利。如果在用人单位发生的生产安全事故对职工或者雇工以及其他人造成伤害，只有本单位的职工或者雇工可以得到本单位的工伤保险补偿。所以，工伤保险补偿权利的权利主体是特定的。

（3）义务和责任主体的法定性。依照《中华人民共和国安全生产法》和《工伤保险条例》的规定，用人单位有为职工办理工伤保险、缴纳工伤保险费的义务，这就确定了用人单位是工伤保险的义务和责任主体。不履行这项义务，就要承担相应的法律责任。

（4）无责任补偿。按照国际惯例和我国立法，工伤保险补偿实行“无责任补偿”，即无过错补偿的原则，这是基于职业风险理论确立的。这种理论从最大限度保护职工权益的理念出发，认为职业伤害不可避免，职工无法抗拒，不能以受害人是否负有责任来决定是否补偿，只要因工受到伤害就应补偿。基于这种理论，工伤保险不强调造成工伤的原因、过错及其责任，只要确认职工在法定情形下发生工伤，就依法享有获得经济补偿的权利。

（5）社会共济方式的风险补偿。按照无责任补偿原则，工伤补偿风险的第一承担者本应是用人单位，但是工伤保险是以社会共济方式确定补偿风险承担者的，因此不需要用人单位直接负责补偿，而是将补偿风险转由社会保险经办机构承担，由社会保险经办机构负责支付工伤保险补偿金。只要用人单位依法足额缴纳了工伤保险费，那么工伤补偿的责任就由社会保险经办机构承担。工伤保险实际上是一种转移工伤补偿风险和责任的社会共济方式。

2. 工伤保险的适用范围有哪些？

依据《工伤保险条例》第二条规定，中华人民共和国境内的企业、事业单位、社会团体、民办非企业单位、基金会、律师事务所、会计师事务所等组织和有雇工的个体工商户（以下称用人单位）应当依照条例规定参加工伤保险，为本单位全部职工或者雇工（以下称职工）缴纳工伤保险费。中华人民共和国境内的企业、事业单位、社会团体、民办非企业单位、基金会、律师事务所、会计师事务所等组织的职工和个体工商户的雇工，均有依照条例的规定享受工伤保险待遇的权利。

依据《工伤保险条例》第六十六条规定，无营业执照或者未经依法登记、备案的单位以及被依法吊销营业执照或者撤销登记、备案的单位的职工受到事故伤害或者患职业病的，由该单位向伤残职工或者死亡职工的近亲属给予一次性赔偿，赔偿标准不得低于条例规定的工伤保险待遇；用人单位不得使用童工，用人单位使用童工造成童工伤残、死亡的，由该单位向童工或者童工的近亲属给予一次性赔偿，赔偿标准不得低于条例规定的工伤保险待遇。

二、工伤保险费的管理

1. 用人单位如何缴纳工伤保险费?

(1) 确定费率的原则。依据《工伤保险条例》的规定，工伤保险费根据以支定收、收支平衡的原则，确定费率。工伤保险实行用人单位缴纳保险费的方式，建立工伤保险基金。

(2) 费率的制定。依据《工伤保险条例》的规定，国家根据不同行业的工伤风险程度确定行业的差别费率，并根据工伤保险费使用、工伤发生率等情况在每个行业内确定若干费率档次。

(3) 工伤保险费的缴纳。依据《工伤保险条例》的规定，用人单位应当按时缴纳工伤保险费。职工个人不缴纳工伤保险费。用人单位缴纳工伤保险费的数额为本单位职工工资总额（用人单位直接支付给本单位全部职工的劳动报酬总额）与单位缴费费率之积。对难以按照工资总额缴纳工伤保险类的行业，其缴纳工伤保险费的具体方式，由国务院社会保险行政部门规定。

2. 用人单位如何使用工伤保险基金?

依据《工伤保险条例》的规定，工伤保险基金存入社会保障基金财政专户，用于《工伤保险条例》规定的工伤保险待遇、劳动能力鉴定、工伤预防的宣传和培训等费用，以及法律、法规规定的用于工伤保险的其他费用的支付。

任何单位或者个人不得将工伤保险基金用于投资运营、兴建或者改建办公场所、发放奖金，或者挪作其他用途。

思考题

1. 工伤保险基金可用于哪些费用的支付?
2. 用人单位如何缴纳工伤保险费?

第二节 工伤认定及劳动能力鉴定

一、工伤认定的范围

1. 应当认定为工伤的情形有哪些?

依据《工伤保险条例》第十四条的规定，职工有下列情形之一的，应当认定为工伤：

（1）在工作时间和工作场所内，因工作原因受到事故伤害的；

（2）工作时间前后在工作场所内，从事与工作有关的预备性或者收尾性工作受到事故伤害的；

（3）在工作时间和工作场所内，因履行工作职责受到暴力等意外伤害的；

（4）患职业病的；

（5）因工外出期间，由于工作原因受到伤害或者发生事故下落不明的；

（6）在上下班途中，受到非本人主要责任的交通事故或者城市轨道交通、客运轮渡、火车事故伤害的；

（7）法律、行政法规规定应当认定为工伤的其他情形。

2. 视同工伤的情形有哪些?

依据《工伤保险条例》第十五条的规定，职工有下列情形之一的，视同工伤：

（1）在工作时间和工作岗位，突发疾病死亡或者在48小时之内经抢救无效死亡的；

（2）在抢险救灾等维护国家利益和公共利益活动中受到伤害的；

（3）职工原在军队服役，因战、因公负伤致残，已取得革命伤残军人证，到用人单位后旧伤复发的。

3. 不得认定为工伤或者视同工伤的情形有哪些？

依据《工伤保险条例》第十六条的规定，符合该条例第十四条、第十五条的规定，但存在故意犯罪、醉酒或者吸毒、自残或者自杀等情形的，不得认定为工伤或者视同工伤。

二、工伤认定申请

1. 如何申请工伤认定？

职工发生事故伤害或者按照职业病防治法规定被诊断、鉴定为职业病，所在单位应当自事故伤害发生之日或者被诊断、鉴定为职业病之日起 30 日内，向统筹地区社会保险行政部门提出工伤认定申请。遇有特殊情况，经报社会保险行政部门同意，申请时限可以适当延长。

用人单位未按规定提出工伤认定申请的，工伤职工或者其近亲属、工会组织在事故伤害发生之日或者被诊断、鉴定为职业病之日起 1 年内，可以直接向用人单位所在地统筹地区社会保险行政部门提出工伤认定申请。用人单位未在规定的时限内提交工伤认定申请，在此期间发生符合规定的工伤待遇等有关费用由该用人单位负担。

2. 申请工伤认定应提交哪些材料？

依据《工伤保险条例》第十八条的规定，提出工伤认定申请，应当提交工伤认定申请表、与用人单位存在劳动关系（包括事实劳动关系）的证明材料、医疗诊断证明或者职业病诊断证明书（或者职业病诊断鉴定书）等材料。工伤认定申请表应当包括事故发生的时间、地点、原因以及职工伤害程度等基本情况。

三、劳动能力鉴定

1. 什么情况下应当进行劳动能力鉴定？

职工发生工伤，经治疗伤情相对稳定后存在残疾、影响劳动能力的，或者停工留薪期满（含劳动能力鉴定委员会确认的延长期限），工伤职工或者其近亲属、用人单位应当及时向设区的市级劳动能力鉴定委员会提出劳动能力鉴定申请。

工伤职工也应结合具体情况，就是否具备工伤康复资格、是否需要安装辅助器具等提出劳动能力鉴定确认申请。

2. 劳动能力鉴定的等级是如何划分的?

劳动能力鉴定是指劳动功能障碍程度和生活自理障碍程度的等级鉴定。

劳动功能障碍分为 10 个伤残等级，最重的为一级，最轻的为十级。

生活自理障碍分为 3 个等级：生活完全不能自理、生活大部分不能自理和生活部分不能自理。

劳动能力鉴定标准由国务院社会保险行政部门会同国务院卫生健康部门等部门制定。

我国目前使用的是 2014 年由国务院社会保险行政部门会同国务院卫生行政部门等部门制定发布的《劳动能力鉴定 职工工伤与职业病致残等级》（GB/T 16180—2014）。

3. 应当由谁提出劳动能力鉴定申请?

能够提出劳动能力鉴定申请的主体分为 3 类。

（1）用人单位，即工伤职工所在单位。该职工与用人单位之间存在劳动关系，并且工伤是由于为本单位工作造成的，因此，职工发生事故伤害后，为职工申请工伤认定、劳动能力鉴定，是用人单位的法定责任。

（2）工伤职工，即因工受到事故伤害被认定为工伤的职工本人。职工如果认为工伤受到的伤害可能或已经影响其劳动能力的，可以申请劳动能力鉴定。

（3）工伤职工的近亲属。工伤职工受伤较为严重，自己提出申请有困难，由其近亲属代为申请。近亲属包括：配偶、子女、父母、兄弟姐妹、祖父母、外祖父母。

思考题

1. 职工发生工伤后，用人单位应主动做好哪些工作？
2. 用人单位如何组织做好劳动能力鉴定工作？

第三节 工伤保险待遇

1. 工伤后就医有什么要求？费用报销有什么要求？

职工治疗工伤应当在签订服务协议的医疗机构就医，情况紧急时可以先到就近的医疗机构急救。

治疗工伤所需费用符合工伤保险诊疗项目目录、工伤保险药品目录、工伤保险住院服务标准的，从工伤保险基金支付。

工伤职工治疗非工伤引发的疾病，不享受工伤医疗待遇。

2. 参保工伤职工医疗期间能享受哪些待遇？

参保工伤职工在停工留薪期内，原工资福利待遇不变，由所在单位按月支付。停工留薪期一般不超过 12 个月，伤情严重或情况特殊的，经劳动能力鉴定委员会确认，可适当延长，但延长期不得超过 12 个月。生活不能自理的工伤职工在停工留薪期需要护理的，由所在单位负责。具体待遇见表 6-1。

表 6-1 参保工伤职工医疗期间待遇

项目	计发基数及标准	支付方式
医疗费	签订服务协议的医疗机构内，符合规定范围内的医疗费	基金支付
康复费	签订服务协议的医疗机构内，符合规定范围内的康复费	
辅助器具费	经劳动能力鉴定委员会确认需安装辅助器具的，发生符合支付标准的辅助器具配置费用	基金支付
住院伙食补助费	职工治疗工伤的伙食费用，按当地标准支付	基金支付
异地就医交通食宿费	经医疗机构出具证明，报社会保险经办机构同意，工伤职工到统筹地区以外就医所需的交通、食宿费用，按当地标准支付	基金支付
工资福利	停工留薪期间，按原工资福利待遇支付	单位支付
护理费用	生活不能自理的工伤职工在停工留薪期间需要护理的	单位支付

3. 参保工伤职工劳动能力鉴定后有哪些一次性待遇?

工伤医疗终结后一次性发放待遇（一级至十级伤残）见表6-2。

表6-2 工伤医疗终结后一次性发放待遇

项目	计发基数	计发标准		支付方式
一次性伤残补助金	本人工资	一级	27个月	基金支付
		二级	25个月	
		三级	23个月	
		四级	21个月	
		五级	18个月	
		六级	16个月	
		七级	13个月	
		八级	11个月	
		九级	9个月	
		十级	7个月	
一次性工伤医疗补助金	按各地具体制定的标准执行	五级至十级	按各地具体制定的标准执行	终止劳动关系和工伤保险关系时，基金支付
一次性伤残就业补助金	按各地具体制定的标准执行	五级至十级	按各地具体制定的标准执行	终止劳动关系和工伤保险关系时，单位支付

4. 参保工伤职工劳动能力鉴定后可以定期获得哪些长期待遇?

工伤医疗终结后定期发放的待遇见表6-3。

表6-3 工伤医疗终结后定期发放的待遇

项目	计发基数	计发标准		支付方式
伤残津贴	本人工资	一级	90%	基金按月支付
		二级	85%	
		三级	80%	
		四级	75%	
		五级	70%	保留劳动关系，难以安排工作的，由单位按月支付
		六级	60%	
生活护理费	统筹地区上年度职工月平均工资	完全不能自理	50%	基金按月支付
		大部分不能自理	40%	
		部分不能自理	30%	

5. 职工因工死亡有哪些待遇?

职工因工死亡，其近亲属按照下列标准从工伤保险基金领取丧葬补助金、供养亲属抚恤金和一次性工亡补助金，具体见表 6-4。

表 6-4　　职工因工死亡待遇

<table>
<tr><th>项目</th><th>计发基数</th><th colspan="2">计发标准</th><th>支付方式</th></tr>
<tr><td>丧葬补助金</td><td>统筹地区上年度职工月平均工资</td><td colspan="2">6 个月</td><td>基金支付</td></tr>
<tr><td>一次性工亡补助金</td><td>上一年度全国城镇居民人均可支配收入</td><td colspan="2">20 倍</td><td>基金支付</td></tr>
<tr><td rowspan="3">供养亲属抚恤金</td><td rowspan="3">本人工资</td><td>配偶</td><td>40%</td><td rowspan="3">基金按月支付，符合工亡职工供养范围条件的亲属可领取</td></tr>
<tr><td>其他亲属</td><td>30%</td></tr>
<tr><td colspan="2">孤寡老人或者孤儿每人每月在上述标准的基础上增加 10%，核定的各供养亲属的抚恤金之和不应高于因工死亡职工生前的工资</td></tr>
</table>

思考题

1. 用人单位如何保障参保工伤职工享受停工留薪期待遇?
2. 用人单位在工伤保险待遇发放工作中应发挥什么样的作用?

第四节　工 伤 预 防

1. 什么是工伤预防?

工伤预防是建立健全工伤预防、工伤康复和工伤补偿“三位一体”工伤保险制度的重要内容，是指事先防范事故伤害以及职业病的发生，减少事故伤害及职业病的隐患，改善和创造有利于健康的、安全的生产环境和工作条件，保护职工生产、工作环境中的安全和健康。工伤预防的措施主要包括工程技术措施、教育措施和管理措施。

2. 用人单位如何履行工伤预防主体责任?

（1）牢固树立预防优先的工作理念。深入学习贯彻习近平总书记关于“人民至上、生命至上”的重要指示精神，始终把人民群众生命安全和身体健康放在第一位，把减少事故伤害和职业病危害作为工伤预防的根本出发点和落脚点，从源头上防止工伤事故发生，切实保障职工的生命安全和身体健康。工伤预防要坚持以人民为中心的发展思想，适应推进国家治理体系和治理能力现代化要求，完善“预防、康复、补偿”三位一体制度体系，把工伤预防作为工伤保险优先事项，采取一切适当的手段组织推进，切实提升工伤预防意识和能力，实现从“要我预防”到“我要预防”“我会预防”的转变。

（2）主动采取措施提供劳动保障，积极开展工伤预防工作。《中华人民共和国安全生产法》第四十四条和第四十五条规定，生产经营单位应当教育和督促从业人员严格执行本单位的安全生产规章制度和安全操作规程，并向从业人员如实告知作业场所和工作岗位存在的危险因素、防范措施以及事故应急措施。生产经营单位应当关注从业人员的身体、心理状况和行为习惯，加强对从业人员的心理疏导、精神慰藉，严格落实岗位安全生产责任，防范从业人员行为异常导致事故发生。生产经营单位必须为从业人员提供符合国家标准或者行业标准的劳动防护用品，并监督、教育从业人员按照使用规则佩戴、使用。

《中华人民共和国劳动法》第五十二条、五十三条和五十四条规定，用人单位必须建立、健全劳动安全卫生制度，严格执行国家劳动安全卫生规程和标准，对劳动者进行劳动安全卫生教育，防止劳动过程中的事故，减少职业危害。劳动安全卫生设施必须符合国家规定的标准。新建、改建、扩建工程的劳动安全卫生设施必须与主体工程同时设计、同时施工、同时投入生产和使用。必须为劳动者提供符合国家规定的劳动安全卫生条件和必要的劳动防护用品，对从事有职业危害作业的劳动者应当定期进行健康检查。

《工伤保险条例》第四条规定，用人单位和职工应当遵守有关安全生产和职业病防治的法律法规，执行安全卫生规程和标准，预防工伤事故发生，避免和减少职业病危害。职工发生工伤时，用人单位应当采取措施使工伤职工得到及时救治。

（3）缴纳工伤保险相关费用。《中华人民共和国安全生产法》《中华人民共和国社会保险法》《工伤保险条例》等规定，职工应当参加工伤保险，由用人单位缴纳工伤保险费，职工不缴纳工伤保险费。用人单位应当按照本单位职工工资总额，根据社会保险经办机构确定的费率缴纳工伤保险费。职工所在用人单位未依法缴纳工伤保险费，发生工伤事故的，由用人单位支付工伤保险待遇。用人单位不支付的，从工伤保险基金中先行支付。从工伤保险基金中先行支付的工伤保险待遇应当由用人单位偿还。用人单位不偿还的，社会保险经办机构可以依照相关规定追偿。

（4）开展工伤预防能力提升培训。实施重点行业重点企业工伤预防（安全生产、职业病防治）能力提升培训工程，重点培训重点行业重点企业分管负责人、安全管理部门主要负责人和一线班组长等重点岗位人员，2025 年年底前实现上述人员培训全覆盖。采取线上培训和线下培训相结合的方式，更加注重发挥线上培训的作用。充分发挥信息化、大数据、人工智能在工伤预防方面的作用，一体化推进工伤预防信息共享、在线培训、考核评估，普及工伤预防科学知识，宣传工伤预防政策，开展工伤预防线上培训，强化工伤事故警示教育。

（5）全面加强工伤预防宣传。充分发挥主流媒体和新媒体作用，充分发挥各部门和有关行业企业的宣传作用，抓住重点时段、重要节点、重大事件开展有针对性的宣传。要从关注关爱职工群众生命安全和职业健康的视角，运用影音视频、图标图解、典型案例、身边工伤事件等群众易于接受、感染力强的形式，宣传职业病防治、安全生产、交通事故防范、心脑血管疾病防治等方面的知识，不断提高职工群众的工伤预防意识和自我保护意识。鼓励工伤事故和职业病高发易发企业设立工伤预防警示教育基地。

思考题

1. 安全生产分管负责人如何做好重点岗位人员工伤预防培训工作？
2. 用人单位如何通过工伤预防宣传工作，提高职工工伤预防意识？

参考文献

［1］中国化学品安全协会．危险化学品重大危险源主要负责人工伤预防知识［M］．北京：中国劳动社会保障出版社，2022.

［2］尚勇，张勇．中华人民共和国安全生产法释义［M］．北京：中国法制出版社，2021.

［3］王浩水．化工过程安全管理应用实践［M］．北京：中国石化出版社，2022.

［4］中国化学品安全协会．《危险化学品企业安全风险隐患排查治理导则》应用读本［M］．北京：中国石化出版社，2019.

［5］中国安全生产科学研究院．安全生产管理［M］．北京：应急管理出版社，2022.

［6］中华人民共和国应急管理部．危险化学品企业特殊作业安全规范：GB 30871—2022［S］．北京：中国标准出版社，2022.

［7］吴超，王秉．安全文化学［M］．北京：化学工业出版社，2021.

［8］杨勇．企业安全生产标准化建设指南［M］．北京：中国劳动社会保障出版社，2018.

［9］樊晶光．化工企业职业卫生管理［M］．北京：中国石化出版社，2018.

［10］赵正宏．应急救援预案编制与演练［M］．北京：中国石化出版社，2019.

［11］纪红兵，李文军，程丽华．典型危险化学品事故现场处置［M］．北京：中国石化出版社，2021.

［12］朱鹏．事故管理与应急处置［M］．北京：化学工业出版社，2021.

［13］刘景良．安全管理［M］．北京：化学工业出版社，2021.

［14］孙丽丽，等. 危险化学品安全总论［M］. 北京：化学工业出版社，2021.

［15］中国电力教育协会. 电力行业企业培训师培训教材［M］. 北京：中国电力出版社，2021.

［16］人力资源和社会保障部工伤保险司. 工伤保险知识手册（视听版）［M］. 北京：中国劳动社会保障出版社，2019.